未 A士 DR | 生活家

THE
SCHOOL
OF LIFE

Small Pleasures

人生学校

微小的幸福

〔英〕人生学校 ———— 编著

陈鑫媛 ———— 译

Beijing United Publishing Co.,Ltd.
北京联合出版公司

目 录

Small Pleasures

微小的幸福

只要我们留心观察，就会发现生活中有许多令人着迷的小事：一件喜欢的旧衣服、夜晚的低语、无花果的滋味……这些都是日常生活中微小的幸福。本书选取了五十二件小事，算是为一年中的每一周准备了一份幸福。人们通常不会庆祝微小的幸福，甚至不会过多谈及。而这本书中的每一章都选取了一个让我们感到幸福的瞬间，并将其放在放大镜下，探索我们到底为何因之触动，展露笑颜。本书旨在探究每件令我们感到幸福的小事中所蕴含的广阔内涵。事实上，微小的幸福一点也不微小，它能够引发我们对生活中各种宏大主题的思考。

　　我们不会自然而然地明白如何享受人生——这一观点乍看之下似乎有些奇怪，但我们确实需要学习如何寻找幸福。我们还有很大的进步空间，而微小的幸福便是一个出发点。

　　当然，并非生命里所有微小的幸福都会被收入于此。我们力求打造一套领悟哲学，鼓励人们深入挖掘并探索那些容易被忽视的幸福来源。我们相信，微小的幸福所具有的真正重要性还未被全然了解。本书是更大的文化进程中的一小步，它将这些微小的幸福从主流意识及生活边缘拉回，使其成为人们关注的焦点。

一　海鲜店

海鲜店的橱窗让我们心向往之，可是我们通常不会走进店内。但一旦进店，我们便不禁好奇为何自己不常光顾此地。

等待店员接待的过程中，冰上在售海鲜的奇丽让我们为之一惊：牡蛎自身形成的外壳粗糙如砾，却能让人联想到内里的光滑柔软；鳎目鱼的眼睛会在生长过程中逐渐转移到同一侧；鮟鱇多齿的大嘴配上小得不相称的鱼身，丑得让人不愿多看，但烤制的鱼肉淋上橄榄油却细腻鲜美。一时间，我们会细细思索起一条鳎目鱼和一条鮟鱇的命运。

海鲜店里的物种看起来如此陌生。但是，在宇宙这片近乎全由气体与石块构成的虚无中，我们同根共祖，短暂地共同生活在地球表面。从近古的宇宙史看，我们共同的祖先繁衍出不同的后代，有的成为章鱼、鲷鱼，有的逐渐进化为律师、心理医生、设计师。

试想在龙虾的身体里度过一生吧。用小得像胡椒籽般的眼睛感知世界，视域更广，但聚焦能力更弱。我们会在马尔岛旁的菲登湾迎来重要的一天，那天，我们在玄武岩下的松软泥土中挖洞；我们也会上演换壳的一幕。我们不得不学会费劲的繁衍后代的方式——雄性必须刺入雌性的腹部，才能完成授精。直到生命的最后两天，害死人的好奇心诱使我们爬到热锅里丧了命。

在海鲜店里，我们不仅能买到鱿鱼圈和鳕鱼排，还能重新引发兴致。我们饱经疲乏折磨，熟悉的事物已失去勾起我们想象的能力。但是，当我们注视着胭脂鱼的眼睛，或是思考着鳐鱼的内部结构时，我们便与大自然典雅而又玄妙的创造重新联系在了一起。大千世界魅力无穷，值得探索之处比比皆是。而我们正是被这条鱼勾起了探索欲。

店内的每样水产品都是从大海、远河中捕捞获得，或是从礁石下撬出的。那条斑点鲑鱼曾生活在林肯郡的一个沙石坑中；那条马鲛鱼在多格浅滩被捕获，随后被运至彼得黑德；那条海鲈鱼在克雷尔的鹅卵石码头被钓起然后被装进冷藏车中，沿着 M90 和 A1（M）高速一路南下，仅在韦瑟比服务站的大型车辆停车场内做了短暂逗留。

在店内，这些已被除掉内脏、清洗干净的冷冻鱼被摆放得整整齐齐。原始的自然状态变得优雅，在冰块、金属、玻璃、瓷砖、大理石板以及源源不断的流水和尖利无比的刀锋作用下令人着迷。海鲜店似乎暗示着我们或多或少追求着的理想生活：麻烦都被清除，称心如意之物被整整齐齐地包在精致的釉面白纸中，送进你的生活。

参观海鲜店让我们构想着未来的改变，即在比现在略胜一筹的生活中，我们会常常光顾此地，会熟能生巧地掌握几道拿手菜。在海鲜店里，我们和未来可能出现的自己有了短暂的初次接触，未来的自己在这一刻的海鲜店中苏醒，我们会煮鲑鱼、拌龙虾沙拉、淋上橄榄油调味，朋友们会为了一碗我们烹制的法式鱼汤前来做客，我们会以低脂而营养丰富的鱼类佳肴果腹，会用鲜美的汤汁滋养大脑。尽管我们知道生活大体上还是不能尽善尽美，但若我们在饮食上稍加注意，到海鲜店里，从穿着蓝色围裙的店员手中买一条包装好的鳎目鱼回家，认真对待饮食这门艺术，那么，即使生活不尽如人意，我们也能更加贴近本该属于自己的样子。我们在海鲜店里获得的幸福感源于一些微小的细节，比如海水的气息、冰块上升起的缕缕凉气，还有大西洋鲑鱼泛光的银色表皮。这些微小的幸福一点一滴构成一个很大的话题：对现代文明的尊重。在现代文明的帮助下，我们有了更多同时享受愉悦与健康的美好时光。

二 小岛

耸立在小岛尽头的峭壁、远处蜿蜒的金色海滩、葱葱茏茏的橄榄林、人迹罕至的小村庄、大片的森林、建于十九世纪七十年代的码头、刷着白漆的飞航管制塔台……随着飞机缓缓降落，小岛风光透过机窗尽收眼底。小岛很小，机场仅有一条行李传送带，岛上的居民好似彼此熟悉，雇车前往小镇中心只消片刻。驱车经过购物中心、被古木遮蔽的别墅、小学校园、海鲜餐馆、市政厅……看着这一路街景，你情不自禁想在此定居。这个想法有些怪诞离奇，却出于本能。十有八九，你也没有特别的原因，只是在此感到快活。缘何快活值得探究一番，但最终得出的结论或许和迁居于此无关。

小岛规模小、易管理，一切都在运筹间，从而令人心情愉悦。乐高主题公园成了热门旅游景点，奥特曼玩偶屋

在阿姆斯特丹恢宏的荷兰国立博物馆内大受欢迎，便是最佳佐证。当世界变得渺小，人类便因此变得强大，变得不再脆弱，变得禀赋更胜。小岛满足了我们在孩提时期对仿若无所不能的大人的幻想。最终我们也都会变得强大，变成我们一度羡慕的大人，变成那种曾让我们心安的存在。

小岛的山顶处有个几近荒废的停车场，驱车前往很方便，再往上稍走几步便可到达小岛的最高点。在那里，可以俯瞰近乎全岛的风貌。先入眼帘的是一片海湾，是游泳戏水的绝佳场所，沿着海岸线稍远一些是港口，港口周边是小镇建筑，再往远处眺望，还能看见修道院的尖顶。小岛的尽头一览无余，沿着海岸线走到底，也不过几个小时。即使站在小镇中心，你也能领略到每条街道尽头处的山色风光和海湾美景。

但在生活的其他场合中，我们不得不应对的多数麻烦却是没有尽头的。时常，我们遇到的问题无法在恰当的时间内得到解决，甚至根本无解，这让我们倍感压力。花费五年甚至更长的时间，我们才能从事真正心仪的工作；再耗费两年才能在重要工作上略有起色；烦人的同事每天都在挑战你的极限，但这样的日子没有尽头。即使到了如今的知非之年，你的父母、兄弟姐妹仍会不断为你制造挫败感。已经为同一件事和父母争执不下二十次，虽然每每都以道歉告终，但矛盾往往周而复始；而你的小孩又一次弄坏了沙发。上述种种使得与此大相径庭的小岛越发令人心驰神往。换言之，我们对掌控生活、对人生的完满充满渴望，但不断遭受打击。

小岛的生活则截然不同，这似乎成了缓解这一糟糕现状的妙方。这里面积有限，界限分明，人迹罕至，驾车可以很快到达你想去的任何地方。

爱源自提供照料的能力，这点总被我们遗忘。当社会问题变得繁杂、棘手，我们的努力显得微不足道、毫无意义时，我们便囿于自我，成了所谓自私的人。相比都市中心之庞然，我们的爱太过渺小，这不断迫使我们承认自己一无是处。而小岛之所以惹人喜欢，就在于它向我们展示了另外一个世界，在那里，人们的辛勤努力和慷慨大方合乎常理且富有成效。扫自己一屋与扫小岛这片天下间不再有令人畏惧的鸿沟。

小岛重视独特性而非普遍性（请允许我先用颇具抽象意味的话语来阐述）。岛上只有一所学校、一家高级餐厅、一家电影院、一家贝类小店、一座机场、一间书店、一家博物馆、一家俱乐部、一片可在盛夏戏水的海滩以及一座常年凉爽的山。岛上的很多东西仅此一样。你会去而复返，因为并无别处让你心向往之。对周边事物越发熟悉，人与人之间也会越发熟络。

　　当然，任何一座小岛的实情都不会与上述的理想状态一模一样。瑕疵无可避免。着落之后产生的愉悦之情多半来自想象。其实，我们一旦领会真谛，就会发现小岛带给我们的愉悦，依托于与家十分接近的特质。小岛并非仅仅是地图上的一个点，它是心灵的归宿，是能够返璞归真、就简生活的乐土。你甚至无须乘坐飞机或搭上船只就能抵达。

三 繁星

　　繁星满天，实在瑰异奇妙。尽管在大脑的某个角落里，我们知道天上有亿万颗星星，但总是忘记一顾。我们也想观星，但也许一年中凝望头顶这块暗夜苍穹的次数不过寥寥一二。

　　凝望星空时，我们内心安逸，感到自己在这片浩繁之下渺若尘埃。我们重新感悟广袤，心怀谦卑但并不羞愧。不仅仅是我们自身，就连困顿、窘迫，也在星空的衬托下变得微小了。

　　也许是加班晚归途中在城郊火车站匆匆一瞥，也许是在无眠的夜里透过窗户偶然瞧见，无论身在何处，观星时宇宙之浩瀚都会直抵心扉。不需要更多细节，我们也能清晰地意识到，星光自有史以来就一成不变地照向大地，我们的曾祖一定也曾时不时地看向那片微光。繁星看似紧挨在一起，但我们知道它们相隔甚远，两颗星星间是大片的虚无。尽管千万年后我们的子孙或许会在那里定居，但对现在的我们来说，那里仍是未知的世界，或许了无生机，又或许充满异域情趣，蕴藏着不可思议的瑰丽场景以及我们一无所知的悲情故事。观星使我们进入崇高之境，我们完全从日常生活中抽离，思绪也指向与个人利益无关之处，个人生活成为背景，我们得以从随时随地的焦虑中解脱。

我们总被教育说对星星的兴趣出于对自然科学的痴迷，但其实更该带上人文色彩。如果孩子表现出对星星的兴奋之情，父母会认为应该带他[1]去天文馆，并试图解释热核聚变、重力、光速、红巨星、白矮星和黑洞。在他们的主观臆断中，对星星的兴趣一定是出自对天文知识的渴望。

然而我们中很少有人会最终成为科学工作者。我们感到的震撼，与我们能否记下众多天文细节毫无关系，我们

---

[1] 为简洁起见，译文将使用"他"指代"他或她"。

只是业余爱好者，我们另有所需。繁星之所以在生活中大有可观，在于它使我们与恢宏夜空的不期而遇令人宽慰，还在于它鼓励我们正视自己短暂而微小的存在。

我们为何不多多利用这样的自然资源，探入银河系中，不断延续这种有益的乐趣呢？

关于微小幸福的讨论屡屡有之。它似乎可遇不可求，我们将其交给运气。但理想状态下，我们应当设计更多创造幸福的机会，我们应当把它写进日记：遇见繁星，星期二（没有月亮的夜晚，云量百分之二十），晚上九点十五分，饭后散步时。

公认的美好生活往往强调升职和理财。我们不会在乎一个人是否经常走进海鲜店，是否极为关注小岛生活，或者是否时时仰望星空。但事实上，时常感悟其间的微小幸福，对提升生活品质有着难以捉摸但举足轻重的意义。这些幸福的微小之处在于，它通常不会带来重要的、即刻的巨大影响，也并不让我们渴求。它总是悄然而至，并在我们被其他事物分散心神时迅速消失。我们无须为其付出，因此，尽管它可爱如斯，也会在视线中稍纵即逝。

文明的一项重要内容便是教会我们如何更好地享受生活。浪漫主义者认为我们的感知来自直觉，我们需要的只是更加自由地跟随本心。而从古典主义者的角度来看，幸福生活实际上是我们有意为之的成果，是建立在对经验的仔细检验之上的理性收获，需要我们有意采取策略，从事自己真正感兴趣的事。

四　外婆

　　个人的体验千差万别，但我们每个人都能想象出，或是从美好的记忆碎片中拼凑出理想的外婆形象。

　　也许在你小时候，父母和兄弟姐妹出于某些原因不在你身边，你在外婆家和她单独度过了一段时光。那时候六岁的你在厨房里帮忙，橱柜气味独特，里面摆放着外婆码好的碟子和一组奇怪的墨绿色玻璃杯，厨房里有个长得很好玩、有着粗粗的红色手柄的烤面包机，还有一把别具特色的小黄油刀。外婆会开着小车带你到农场里玩，你给山羊喂胡萝卜。外婆告诉你自己小时候住在乡下时养了一只小猪当宠物。外婆削苹果的方法很特别，果皮被完美地削成一整条，在空中打着长长的旋儿。外婆还会递给你一块薄荷巧克力，看到你并不喜欢的时候笑了笑，并不介意。她把晚餐装在盘子里，允许你坐在她的大沙发上边看电视

边吃饭。

她有一个特别珍视的木箱子，里面有一些旧硬币、一把象牙扇、一支金铅笔、一张她在海滩上拍的照片，还有一张看起来不太吉利的照片，她站在一位穿军装的男子身边，她告诉你这是"在战争期间"拍的。你被带进了一个更广阔的世界，那是连你的父母都不曾体验过的世界。那个世界于你十分陌生，但因为有了外婆的陪伴，你却仿若与之相关。

外婆起到的作用相当于英国精神分析学家唐纳德·温尼科特所说的"过渡性客体"。过渡性客体（如婴儿最喜欢的一块毯子或是一只越玩越脏的针织兔子玩偶）代表着家，同时陪伴着儿童在早期探索更广阔的世界，让他们在成长过程中持续感到母爱和安全。有了它的存在，儿童会感到心安，因而能够冒险尝试一度惧怕或陌生的事物。外婆和蔼友善，她的陪伴安抚人心，能够让人敢于接触那些也许会带来痛苦的想法，即这个世界十分辽阔，有着庞杂的过往和无数的陌生人。

祖孙之间愉快地结成同盟，一方是垂垂老矣的外婆，身体愈渐羸弱，另一方是朝气蓬勃的孙辈，筋骨越发强健。但就在当下，望着生命的两端，他们各自又都十分了解脆弱的含义。外婆总是带着无尽的温柔，她意识到自己余生之短暂，会越发珍惜所剩的时日。也许，你还未步入成年，外婆就已离世。她可能不懂《我的世界》这款游戏，不知道怎么用乐高玩具搭出一艘宇宙飞船，也不会绕着客厅用软垫和椅子搭越野障碍，但她很关心你是否还爱吃三角巧克力糖，也担心你会不会冻着。也许，只有她会仅仅希望你快乐。她总是擅长温暖人心。边听她读书边依偎在她怀中就十分美好。人们可以从外婆身上寻得一种特殊的智慧：长期以来，我们都太过看重成就了，其实舒舒服服地坐在一个人身边看着园艺节目，或是在孙辈陪伴下仔仔细细地给花盆里的天竺葵浇水才是极为重要的事。

不过，讽刺的是，就是这样纯粹的和善也会被青春期的你厌恶。你获得了跳远冠军，她当然会高兴，考砸了数学，她也会亲切地安抚你。在你看来，就算自己笨手笨脚、对几何一窍不通，她还是会一样温暖。因为，她的爱是无条件的，很可能会疯狂到忽视你真正的美好品质，而这些品质又是你自己关注的，是你对自身的认同。外婆只想抱紧你，帮你掖好被子，跟你一起玩拼图。

奇怪地说，她似乎代表了与性完全无关的方面。她二十五岁时是与现在完全不同的，但现在她已体验过人生，只是在十三岁的你看来并非如此。如今，激情已经无法触动她了。虽然你会不可避免地认为，若她得知你心中不断膨胀的幻想，必定会感到震惊不安，但这其实大错特错。你太年轻，无法认识到尽管她现在喜欢穿花衣裳、下楼梯时小心翼翼的，但她也曾在炎炎夏日与嗜酒的概念艺术家在西柏林度过一段风花雪月的时光。

父母都迫切盼望孩子健康成长，恋人都希望得到对方的理解，友人都渴望一起冒险的旅伴，而外婆什么都不要，只要你的出现。这种没有算计也没有欲望的天真令人困惑。她似乎毫不理会你生命中的任何动力，这并不是因为她从不了解这些，而是因为这些动力无法再对她产生多少震撼。她见过小男孩成长为律师再成为法官，也看过优等生变成博士再成为外科医生，但这些都无法让她惊诧，因为她还见过其他私生活混乱的人，他们骨瘦形销，身患顽疾，俄然暴毙。经历过这些后，她只关注当下，因而显得无趣。例如，她总是说起过去那家干洗店现在变成健康食品店了，总以为"脸书"指的是一本书，而且总也搞不明白手机是个什么东西。

外婆带给我们的幸福感透露出我们有多么喜爱温柔。与爱有关的普通人际交往都应从这段略带滑稽的交往中，从一位老妇人与一个孩子的交往中得到借鉴。这种借鉴可能不像在教室中获得指导一样，但它确实反映了对爱的真实考验。在爱这一话题上，我们投入了大把精力，但往往溃不成军。我们从祖孙的感情中学到渴望要适当，这点极为重要，因为我们见识到了无关期盼和回报的爱如何让人获益匪浅。外婆从不期望被孙辈理解。对她们而言，看小马、喝牛奶、打纸牌、试着画朵花，一日安闲自在便足矣。很快，六岁的孩子就会觉得这种日子莫名其妙，也许得再过六十年，他们才会重新认识到这才是生活的目的和意义所在。

蕴含在外婆这一理想形象下的渴望能让我们更好也更早地吸取经验，在人生未晚之时领悟爱的智慧。

五　善于聆听的朋友

　　我们如此珍视友谊，若不关注友谊带来的幸福感则显得有些奇怪，其中关键的一种就是被聆听的幸福。

　　鲜少有人知道应该如何聆听，这不是因为我们本性邪恶，而是因为无人传授要领，也无人聆听我们的心声。于是，当我们走进社交圈时，我们宁可贪心地倾诉也不愿聆听。我们积极结识他人，却不愿为其侧耳，友谊因此沦为一种展现自我主义的社交手段。如同大多数事情一样，聆听与教育有关。在我们的文明里有许多探讨说话艺术的巨作，如古时西塞罗的《演说家》及亚里士多德的《修辞术》。但不幸的是，几乎没有人写过《聆听者》这样的书。优秀聆听者的某些特点能够让人享受有他们陪伴的时光。其一，善于聆听的朋友鼓励我们畅所欲言。我们很难了解自己的想法，在谈及真正困扰或激励我们的事情时往往不

得要领，若此时朋友鼓励我们一五一十、详尽深入地叙述，我们则会大大受益。我们需要这样的聆听者，他们不急于打开新话题，而是用带着神奇魔力的两个字问你"然后"。你说到自己的兄弟姐妹，他们便会追问：儿时你们的关系如何？这些年有什么变化吗？他们好奇我们为何忧愁又为何激动，他们会问：为什么这件事令你这么烦恼？这有什么大不了的呢？他们把我们的过去记在心上，聊天时会提起我们之前说过的事，我们会因而感到他们在与我们建立更深层次的互动。

其二，善于聆听的朋友鞭策我们探求实质。说起模糊的概念是轻而易举的，我们会轻轻松松地说起某样东西可爱、糟糕、美好或烦人，但不会去探究为何如此认为。善于聆听的朋友则会对我们脱口而出的评论提出善意而有效的质疑，表露出掩藏在背后的、更深层的态度。当我们说"我受够了这份工作"或"我和另一半正在闹矛盾"时，他们会帮我们分析究竟为何不喜欢这份工作或者为何起争执。他们抱着将潜藏的问题厘清的决心，不会将你们的谈话当作交流八卦。他们会将边吃比萨边聊的这些话与苏格拉底的哲学相结合，而那其中就记录了苏格拉底试图帮助雅典同胞理解自己想法与价值的对话。

其三，善于聆听的朋友不会借机说教。优秀的聆听者清楚地明白人类有多疯狂，不会因此受惊。他们会适时地应答几声，一边表明自己深有同感，一边又不打断对方的话。他们给人的感觉是他们了解并接受我们愚蠢的一面，并保证不会抹杀我们的尊严。在这样竞争激烈的世界里，我们很难诚实地诉说自己有多么痛苦。承认自己的失败意味着被抛弃。优秀的聆听者在最初就表明不会因此轻视我们。他们不会震惊于我们的脆弱，反而还会嘘寒问暖。

最后，善于聆听的朋友不因意见不合就批评指责。人们常常感觉产生分歧会表达出敌意，这在有些时候显然有理。但是一个优秀的聆听者能明确表达出自己对你的喜爱，也能看出你的错误。他们明确表示自己对你的喜爱并非建立在始终如一的意见一致上，他们清楚地明白，即使是非常可爱的人也有头脑混乱的时候，也会需要温和的开导。

有这样善于聆听的朋友相伴左右，我们便有了极度的幸福体验。但常常，我们不明白这样的举动究竟为何会如此美好。通过揣摩这种幸福，我们可以学着去放大它，并推己及人，让他人也感受到幸福，被幸福治愈，然后循环往复。聆听称得上是建设美好社会的一个关键因素。

六 飞机起飞

生命中少有比飞起升入高空更激动人心的时刻。飞机先是在跑道一端静待起飞，我们坐在舱内往窗外看是一片熟悉的景象：公路、储油罐、草地、装着铜色窗户的酒店，还有我们早已熟知的地面。在地面上，即使有汽车助力，我们的行进仍旧不快；在地面上，我们依靠腿脚和汽车费力登顶；在地面上，不到一千米就会有一排排树木或建筑遮挡我们的视线。而突然之间，随着飞机引擎高速轰鸣（机身玻璃只有微微晃动），飞机平稳升入高空，广阔的大地在我们眼前一览无余，可能在陆地上需要整个下午才能走完的距离，在飞机上微微转动眼球就飞过了：我们可以飞越伯克郡，一扫而过梅登黑德，在布拉克内尔上空盘旋，超过 M4 高速路上的每一辆车。

飞机起飞为我们带来心灵上的幸福，因为飞机的迅疾升空是实现人生转变的绝佳象征。此间展现的力量让我们联想起生活中类似的转变，让我们想象到，也许终有一日我们也会像飞机一样奋力攀升，冲破眼前的桎梏。

身处高点俯瞰，地面的景色变得富有逻辑：道路逶迤避开山峰，江河蜿蜒流入湖泊，输电塔从发电站一直架设到各个城镇，在地面上看似杂乱无章的街道实则排列得井井有条。眼睛试图将所见之景与先前的认知连接在一起，好似用一种全新的语言解读一本熟悉的书。那里的点点灯火一定是纽伯里，那条路一定是 A33 高速，因为它是从 A4 高速分出来的。照此思路，视线不及之处又不断引发我们对生命之狭隘的思考：人生在世，我们几乎从未似空中雄鹰与众神一样，一览世间全貌。

飞机引擎似乎毫不费力地就将我们带上高空。它们悬在空中，忍受着周围难以想象的严寒，耐心运转着飞机。它们的内侧表面上用红色字母印出唯一的请求，要求人们不要在引擎上踩踏，且只能添加 D50TFI-S4 号燃油——这些请求是给四千英里外还在沉睡的机场工作人员的信息。

身处高空之中，可以看见很多云，不过人们谈论得并不多。在某片海洋的上空，我们飞过一大片棉花糖似的白云岛屿，尽管这景色在文艺复兴时期弗朗西斯卡的画中可以成为天使甚至是上帝的绝佳座席，也没人觉得有什么特别。哪怕这样的美景能让达·芬奇、普桑、莫奈和康斯太勃尔一众画家都挪不开脚，机舱里也没有人会起身宣布说，"看看窗外，我们正在穿越一片云海"。

飞机上的食物若是在自家厨房里享用，可以说是有些平淡，甚至难以下咽，但在云海的烘托下，它产生了全新的味觉体验和情趣，正如身处峭壁之巅，一边观赏拍岸的惊涛一边野餐，即使是简单的面包夹奶酪也会让我们喜出望外。靠飞机上的小桌板，我们在这个并不舒适的地方感到了如家般的温馨：我们吃的是冷面包卷和一小盒土豆沙拉，欣赏的是星际的美景。

云海带来一片静谧闲逸。在我们之下，有敌人，有同事，有恐惧，有悲戚。但此时此刻，地面上的一切都被缩小了。也许我们都明白这个古老的道理，但只有当我们紧贴冰冷的机舱窗户时，才能真切感悟其中真谛。飞机，这架美好而意义深长的机器，是博学多才又富有哲理的老师。

七　酒店独眠

　　你已经在飞机单调狭小的空间里度过了十二个小时。这是公司的安排。小憩之后，你还要转乘航班继续飞行十一个小时，然后直奔会议室。

　　你在酒店顶楼最西角订了房间，在那里可以看到航站楼的一侧以及滑行跑道尽头的一排红白灯光。尽管房间装了隔音玻璃，但每过几分钟，你都能听到飞机起飞时发出的轰鸣声，就像千百位乘机飞越新加坡海峡的乘客一样。他们也许有的正紧握伙伴的手，有的正饶有趣味地翻看《经济学人》。

　　进入酒店时，你已经饥饿难耐了。你翻出客房里的送餐菜单，上面有太平洋鲷鱼，佐以爽口的杧果及柠檬汁、胡椒调味，还有主厨例汤。但最终，也许你找不到比俱乐部三明治更好的选择，这是在此地之外你绝不会点、甚至绝不会注意到的食物。

　　二十分钟后响起了敲门声。两个人，一个身上只穿了件客房里免费的浴袍，另一个（刚从印度尼西亚的小村庄乌戎巴都来到新加坡，和其他四个租客合租在体育馆附近）笔挺地穿着酒店的黑白制服，系着围裙、戴着名牌。两个成年人以这样的方式出现着实有些奇怪。你边装作整理文件边把这样的相见想得十分寻常，然后随口不耐烦地冲服务员说"就放在电视旁边吧"，的确有些难度。不过，这种能力能靠多参加国际会议锻炼出来。

　　你和克洛艾·丘共进晚餐，她曾任职于美国财经有限电视台 CNBC，现在是新加坡亚洲新闻台的一员，她跟你讲述区域市场和三星季度预测的情况，而你关心她在行业外有什么兴趣。

　　今晚想要入眠是无望了，大脑中用来聆听并分辨树叶沙沙作响的部分仍在运转，而且还在感知酒店未知区域里的每一次关门声和马桶冲水声。夜空像在进行化学反应一般，泛着橙光。

　　如果夜夜难眠的情况持续数周，那固然是炼狱般的折磨，但若是身处异乡，在酒店里短暂失眠就不是什么大碍了。这是一份宝贵的财富，能够解决灵魂深处的困扰，需要思考的重要问题得以在此刻浮出水面。白天回到家，又要对别人负责，又要成为三十人团队中的一员，每十分钟就能攒下一沓沓的邮件。而此时此刻，在这个走廊尽头的小房间里，你可以回归自我，履行对自身更重要的义务。

在跑道尽头的这间酒店如古时的修道院一般，是对当今社会需求的补救，使人在现世压力下得以思考，在长夜里反复斟酌。漫漫长夜里的这番思索在伴侣、朋友、子女听来离奇古怪，因为他们需要你以特定的角色存在，他们无法包容你全部的可能与欲望，并且会把理由说得头头是道。你也不想让他们失望，他们有权得益于你，但他们的期望却扼杀了你身上重要的一部分。

在这个仿佛无尽的长夜里，在机场旁的酒店打开窗户，看着头顶清明的蓝天，此时此刻，只有你与这片天地，还有一架从迪拜飞来的 A380 客机。

白日的匆忙让你少有时间思考复杂的问题：我的事业将何去何从？温柔体贴的朋友为何寥寥无几？该怎样与孩

子接触？我究竟想从这短暂的生命里得到什么？若细细思考这些问题后仍感到自己涉世未深，会让人愁肠百结，但你依旧会这样做，会在客房的记事本上写下自己的想法。异国的夜色给你保护，身处此地，无人认识，无人关心，你能就此销声匿迹。

　　你自然想要恢复常态，但是感谢这场失眠，它让你结识到了更古怪却更真实的自我，这是与白天坐在办公室里迥然不同的你。这场失眠像是件礼物，这家孤零零的酒店则是其珍贵的、出人意料的无私守护者。

八　日光浴

前来罗德岛，不为探索中世纪古镇的奥秘，不为参观古老的阿波罗神像，也不是为了品尝当地鹰嘴豆馅饼和无盐羊奶酪等佳肴。这些与你丰富的阅历相比有些微不足道。但是，此行倒有一个目的：享受日光。

海滩上草织的遮阳伞下有一把把躺椅，海水温暖，热气环绕着你，似乎在缓解你左肩肌肉的酸痛。每日的天空都湛蓝无云。从酒店阳台往远处看，是贫瘠低矮的山丘，还有一片干涸龟裂的大地，你会喜爱这样的景色是因为它诉说着数周的干燥炎热。数月以来，甚至出生以来，你就对阳光计日以俟。

北部的环境并不温和，还很善变。你要时刻提防着，可能会刮风，可能会下雨，还可能会降温。漫长的严寒贯穿整个冬季，再曼延到早春，你用层层衣物包裹自己，臃

肿得看不见自己的双腿，只有泡进浴缸时才不得不瞥一眼冻得发白的皮肤。你倒想知道是否真有人能在严冬时节迷恋你的身体。你从食物上寻求安慰，对司康饼、馅饼和大块的苹果酥回味无穷，总能在常穿的上衣和外套上看到食物碎屑。

但在内心深处，你感觉自己生来就是为了感受阳光明媚的早晨、闷热慵懒的午后以及温暖舒心的夜晚。这才是适合人类居住的环境。然而，通过一些精巧复杂的手段，更似乎是在劫难逃，人类设法在根本不宜居的地方生存下来，那里一年多数时候都狂风肆虐、冰冷潮湿、阴沉枯燥，而剩下的少数时候天气也时好时坏、变幻莫测。我们在威斯巴登、特隆赫姆、许温凯、卡尔加里这些高纬度城市安居乐业是有代价的。

阳光不仅令人愉快，还会在我们的生命中留下深远影响。阳光是表现道德的媒介，它使我们慷慨、勇敢、自信……当世界物产富饶，我们对积蓄物资的渴望便淡了；当生活变得轻松安逸，竞争也就失去了意义；当天气变得如此炎热，试着阅读甚至思考也显得不必要了。人们只要活在当下就够了。

这是种寻求补救的态度。物极必反，生活正是如此。如果北部的生活方式牢牢扎根，占领了你的全部生活，你则需要吸收南部生活的精髓。你来到罗德岛的海滩享受日光浴不是因为你轻浮懒散，恰恰是因为你已习惯性地变得严谨、勤奋、理智谨慎。

此行来到这个充满防晒霜、墨镜、躺椅和五彩鸡尾酒的海滩世界，正是对智慧和劳逸平衡的一场深度而高尚的探索，这也是艺术与文明所追求的理想目标。

九　沙漠

　　你身处一片荒地之中，然而这种处境却出奇地大有裨益。在别处我们是多么狂躁，生活里充满竞争与狂乱，我们不停地和比我们富裕、聪慧、年轻、有条理的人相比。

　　我们理直气壮地变得狂躁。然而，在内心深处，我们看重与藏在深处的安静自我的偶尔相会。我们会在夜深人静之时、在驾车时、在静谧灰暗的拂晓时分隐约感到它的到来。此刻，当我们穿行位于犹他州与亚利桑那州边界处寂静无人的纳瓦霍人的领地时，这种感觉十分强烈。

　　似乎我们所做的每件事都至关重要，但是在这里，我们听到了不同的讥讽之声：事实上，从长远来看，在亘古不变的岩石、无边无际的景色以及一望无际的天空对比下，我们所做的每件事都毫无意义。

　　想要抑制自己的夸张与恐慌，我们只需要细细冥想在

这无尽时空里自身的极度渺小。在两亿年前的三叠纪，海水退下，陆地升起，形成的沙漠高原被风雨缓缓侵蚀，坚硬的顶石逐渐形成，遮盖着下方的岩石，演化成细窄的尖岩和小丘，以及纪念碑谷的平顶山群。

这里的白天被太阳炙烤着，空气稀薄，与我们生活的地方迥然不同。这里安安静静、平平淡淡，人们无足轻重，生命在此显然十分渺小。沙漠为人们提供了看待生命所必需的全新角度。在一群蔚为壮观的石柱下，呈波浪状的旷野向远处延展，罕无人烟。天际有一道薄雾，云朵在夕阳衬托下透出一片粉金色，直立的砂岩在落日余晖里被镶上亮边。此刻身心得到放松，自我被抛到脑后。

宇宙比我们强大，我们的存在脆弱而短暂，因而别无他法，只能接受自身意志的局限，我们必须屈从于必需之物，这些生活让我们刻意知悉的道理充分展现在沙漠的岩石和红沙之上。沙漠中的哲理如此深刻，当我们离开时，不会被伤得粉身碎骨，而是被身后这一片沙漠所鼓舞，心甘情愿臣服于这片广袤之中。我们不单单是到此游走了一番，我们还聆听了这片褐色荒土之上的智慧哲学。

十　出国游历

在异国他乡的第一天过得很艰难。你走到元町商店街角落的商店里买了预付费手机卡，对着手机点来点去想要打个电话，却怎么也拨不出去。店主西村先生不明白你要做什么，你在当地三十摄氏度的潮湿闷热里急得满头大汗、心慌意乱，感觉自己是个十足的蠢货。

这样的场景似曾相识，像是学生时代上台演讲时头脑一片空白，又像大学时代那几个痛苦的晚上，其他人似乎都要前往某个地方，而你不确定是否可以请求加入。

这些年来在家里，你学会了如何躲避这些尴尬的场面，尽管他人应付这些场面时似乎毫不费力。大多数时候，你会为了避免自卑和恐惧而拒绝成为不受欢迎的焦点，有些时候你认为这是害羞。碰上陌生或危险的事，你的本能就是回避。你绝不会在街上向陌生人问路，也对在派对上和陌生人搭讪感到恐惧。但此刻，你开始厌倦这些生存手段所带来的消极影响，因为它的代价太过高昂。

日本的一切对你来说都是陌生的，你自然不懂得应当何去何从，站在人群中，你滑稽得引人注意。你连害羞的资格都不再有了，毕竟你已经无法回头。

因此你又回到商场，从有英语选项的 ATM 机里取了款，买了芥末味的薯片，并对店主报以灿烂的微笑，他也向你咧嘴。你学着变得自信起来。

你开始不断尝试：学着去克服害羞，而不是一味逃避。在假日里完全沉浸于和平日全然不同的生活状态，是克服害羞的理想锻炼方式（尽管我们常常把这种锻炼视为运气）。你没有在大型连锁酒店订客房，而是在景色宜人的三溪园附近租了一小间公寓，房东名叫一孝，是位和善的先生。

今天你买了一袋星形巧克力饼干，还闹了个日语的笑话，你滑稽地指着自己的湿发，想用日语表达"下雨了"，这是早餐后你练习过的短语，结果还是说得不对，西村先生看着你，笑了笑。你改观了，发现生活中并非都是难以取悦的人。

就像这个跨越语言障碍传达的微笑一样，微小的幸福通常都来自瞥见微言之中的大义而产生的满足感。店主微笑所带动的面部肌肉传递着十分深刻的事实：世间处处是善意，只不过深藏于底，鲜少为人探知。但现在，也许我们会更多地去挖掘善意，然后不断增强信心，当我们回到家时，恐惧便寥寥无几了。

十一　熬夜

　　连续数周失眠固然是种折磨，但偶尔熬夜却不是大问题。它是一份宝贵的财富，能够解决灵魂深处的困扰，我们所需的重要思绪仅在这夜深人静的几个小时里得以浮现。

　　夜已深，作息规律的人已入睡多时，但我们仍然熬夜看书、思考、与许久不联系的那位朋友——我们自己——交谈。夜深人静时，重大的思绪会乘机涌上心头。

　　在白日里，我们要对他人负责。夜晚则是对当今社会需求的弥补。我可能是牙医、数学老师，但远在回归身份前，在此时此刻，我——和自己交心的我——仅仅是个无名无姓、不受约束的存在，我胸襟开阔、自由自在，拥有无限可能，所思所想罕见恼人、矛盾古怪、具有远见。

　　在这漫漫长夜，窗户大开，头顶清明的蓝天，世界只剩下我们与这片苍穹，或许我们可以短暂沉入天地的广阔。

十二　牛之趣

　牛的存在本就奇怪

　你无法分辨它在想什么，但它一定在思索

　田野和牛很相称

　牛随和可亲：一丛青草、一捆干草便能让它心花怒放

　牛不介意被细雨打湿身体

　牛并不自私

　花五分钟看着牛，它的宁静灵魂便会扎根在你心中

　牛耳滑稽，出自喜剧天才之手

　除此之外，牛小心维护自尊

　牛比想象中大一些

　牛从不反抗。不记苦闷。善于等待

　牛不会对你评头论足：对它而言，你就是你

　牛不会烦躁不安

牛容易害羞

碰巧，许多人都喝牛的乳汁

牛没有政治信仰

牛无须忍受地位带来的焦虑

牛对你眼中自己的模样毫不在意

牛不会囿于烦恼

牛不以你所为而喜乐或震撼

牛只关注当下

注视牛群可以使你眉开眼笑

十三　清晨起床

　　夏日清晨五点四十五分，你早早地醒来，室外还一片沉寂，太阳刚刚探出地平线。往常这会你还在沉睡。正要重拾过往的作息时，街上一辆大货车隆隆而过。

　　天气预报说接下来会变得炎热。晨光和温暖还未真正到来，但已渐渐要从地平线下冒出，低处的云层慢慢染上橘色，衬得那块天空呈现出一片粉紫色，底部的云朵好似在金色的汪洋中浮动。稍稍留意后，便会觉得此景震撼非凡。每天清晨类似的景色都会出现，只不过那时你都在睡梦中。

　　厨房里还留着点昨天的剩菜剩饭。昨晚那场大吵感觉已经很遥远了。何必在意呢？清晨本就是用来忘记昨日的。此刻大家都在梦中，整个家仿佛全为你所有，你突然记起曾经为何喜欢这里了。

昨晚做饭时气氛还很紧张，和伴侣的争执让时间变得难熬，至少你心里觉得对方在故意给你找碴儿。但是现在，家人还要过很久才会醒来，似乎整个家都是你的。此时此刻，它变得与往日不一样了。清晨阳光在墙上投射出的方形阴影带着魔力，让你想起童年。那时的星期天早晨，趁父母还在睡懒觉，你会悄悄下楼偷吃饼干，像是在自己的家里完成了一次大冒险。

此刻，你还能听见鸟鸣，再过一会，它就会淹没在熙攘之中。夜里，一只蜗牛从窗沿长途跋涉到了天竺葵盆栽里。清晨时分，你会留意到因日间匆忙而忽视的事物，其中也包括敏感好奇的你。只有在这时，你才能接触到这样的自己。

你动身去附近的小店里买几样东西，室外空气清新，十分静谧，你的心情乐悠悠的。往日主干道上的喧嚣还未响起，你能听见旁边鸟儿飞离树枝时扇动翅膀的声音，以及各式鸟啼，有的清脆嘹亮，有的低沉温和。这些微小的自然之美很容易就被我们忽视。

你一向讨厌高楼大厦，但此刻你发现其中竟藏着宁静之美。超市外面有一位留着灰白短发的先生，他正堆放购物篮和一箱箱香蕉，发出砰砰响声，你觉得他很友好。街上还有遛狗的人，像你一样，至少像今天的你一样，自愿地到这里赶了个早。对他们的其他情况你一概不知，只是当下就要脱口而出的招呼让你觉得意义重大。也许下一次吧，你就会说出口了。往常你都得等绿灯亮时匆匆跑过，但此刻你慢悠悠地走过马路，有大把时光观赏云朵渐渐隐去粉红色调，展现出平日里有些灰暗的模样。来到这儿，你感到平静，还带点自豪。

你突然拥有了应对烦恼的旺盛精力。在一大张纸上详尽分析工作的利弊；翻看家里的老照片，给母亲写一封长长的邮件；在网上缴清烦人的账单；为自己做一份美味的炒蛋当早餐。

事实上可供自己支配的时间是有限的，一天不会有二十五个小时，但奇怪的是，此刻你感到自己仿佛拥有一小段额外的时光。其实这种时光一直都在，只是你刚刚才发觉。时间是可以被重新调整的：有许多事情都能将生活变成我们渴望的模样。每天，我们都会获得新的机遇，每天，我们都有机会再次成为这个清晨中的自己。

十四　凝视窗外

　　我们常常为自己凝视窗外发愣而自责，你本该工作、学习、完成待办事项，而凝视窗外没有结果也没有目的，基本可被定义为浪费时间。我们将之与无聊、分心、无益对等。双手托腮靠在一扇玻璃窗前，任眼神游离在远方，通常不是什么值得炫耀的事。我们不会说："我今天过得很好，最棒的是我盯着窗户发了一会呆。"但也许这正是在一个更安乐的社会里人们互相诉说的事。

　　说来矛盾，凝视窗外的意义不在于探究窗外的世界，而在于看清自己的内心。我们总以为明白自己的所思、所感、所想，但事实很少是这样。构成我们存在的众多事物里还有一大部分有待我们探索、利用，这部分的潜质还有待开发。它们羞怯，若不主动提出质疑、施加压力，它们就无法轻易浮现。恰当地凝视窗外为我们指明道路，让我

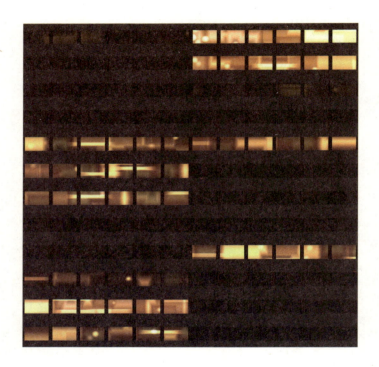

们聆听潜藏在内心深处的细语箴言。

柏拉图曾经打过比喻：我们的思绪就像鸟儿，在大脑这个牢笼中飞来飞去。柏拉图明白，为了让鸟儿安定下来，我们需要无欲无求的平静时光。凝视窗外就提供了这样的良机。我们看着窗外的景色：一丛杂草在风中屹立，一座灰塔在细雨中若隐若现。但我们无须做出回应，我们没有任何重要的目的，因而得以听清内心的想法，就如在城市的喧嚣退去后得以听见教堂的钟声。

在重视生产的现代社会中，冥想的内在潜力并不被认可，但一些伟大的见解却是在我们停下追逐的脚步、尊重冥想的创造力时出现的。凝视窗外发愣是我们对当下压迫累累但实则无关紧要的要求的巧妙反抗，是我们为了寻找深埋在心底的智慧而进行的全面的、严肃的探索。

凝视窗外思考生命而产生的幸福寂寂悄悄，容易被我们忽视。尽管它就在身边，我们却很少能感知到，就如同我们无法在嘈杂的酒吧里捕捉到喃喃蜜语一样。可是一旦被人警醒，我们便更好地注意到了那些实际上温柔可爱的事物。微小的幸福常常如此。时刻关注微小的幸福应当成为我们的一项文化任务，如此，它便可以更广泛地融入我们的生活，让我们从中获益。

十五　泡热水澡

幻想快乐生活总会使人飘飘然。人们总是在头脑里勾画完美的工作、理想的感情，以及一大帮有趣且永远兴高采烈的朋友。

幻想这些事是很幸福的，但过度依恋于此却毫无意义，因为生活可能达不到人们的期望。失望是贯穿始终的。因此，人们才将重视我们掌握之中的愉快与满足奉为大智。泡个热水澡就是其中之一。

浴缸里放满水，刚开始水温还很高的那一阵是最好的。探进一只脚，被烫得皱起眉头，便赶紧抽回，掺些冷水，然后身体缓缓滑进浴缸。温水紧紧包裹着身体，一侧溅起水花来，但随它去吧。向后倚靠着，抬起一只脚放到花洒下，另一只浸入温暖的水中，两脚就这么交替着。

一想到浴缸这么舒适的发明不过短短一段历史，心中

便不禁涌上一丝感激。这项把一小缸水加热到特定温度的微小成就需要耗费巨大的劳力：在遥远的河流上建起水坝和水库；被磨破了手指的工人搭建起管道；亡故已久的发明家夜夜苦思才想出的无滴漏水龙头的雏形；源源不断为我们提供热水的风电场主、核能源科学家、石油钻塔下的潜水员以及矿井工程师。

泡在浴缸里，我们摆脱衣物的束缚，舒适惬意。除了少数深得我们喜爱的地方，我们身处的其他环境大都对我们怀有恶意：白天，我们不得不被衣物层层包裹；夜里，我们把自己藏进被窝。而在浴缸里的片刻逗留中，这些都可置之度外了。浴缸好似人为创造的夏日温暖午后，它让我们重返人类始祖不需要衣物蔽体的简单时光，也勾起我们对于生命最初几个月的回忆——在小浴缸一般的密闭子宫中，浸泡在温暖的羊水里，被母亲消化食物的声音安抚着，随着母亲心脏跳动的节奏，慢慢发育出胰腺和脚趾。泡热水澡使身体回忆起我们来到这个不完美的世界前，远在胎儿时期感到的十足的幸福。

但是，泡澡主要能带给我们的是与才智有关的幸福感。浴缸是绝佳的思考场所。或许凭借其舒缓压力的特性，在浴缸中觅得绝妙想法的概率比在办公室、研讨室、图书馆、实验室这些本该用来思考的场所更胜一筹。因为我们的好主意通常不是强压得来的，它往往在不经意间浮现，如同羞怯的小鹿因惧怕猎人而不敢踏出树丛。温水抚慰了我们惯常的焦虑，我们完全不必纠结其中，在大脑乖张的逻辑指挥下，这样反而更容易思考。我们可以冒着大错特错的风险，可以幻想惊险刺激的场面，姑且将僵化的思维搁置一边，只管倾听那些新奇的，或许是更好的主意。

　　长久以来，各种宗教一直对沐浴费心费力。印度教祭司指导信徒在恒河中沐浴，犹太教信徒先要进入深水池中，基督教信徒也要完全没入水中接受洗礼。宗教仪式要求人们在改过自新、从头开始、得到良机等重大的时刻浸入水中。在俗世生活里，我们时常以自己的方式再现古老的神圣仪式。其实无须惊讶，因为宗教在很大程度上认为，诸如泡澡这样简单的动作能够影响心境，而且宗教渴望极尽所能地带领信徒获得正确的心境，日积月累之下，就有了丰富的方式和手段。我们可以不信奉宗教，但仍能得益于心境可受躯体影响这一见解。我们同样可以浸入浴缸之中，寻求更佳的心境。

关上浴室门，打开热水，我们便在远方追寻起伟大的宗教，这并非为了寻求洗涤，而是试图脱离痛苦、糟心的生活，希望悲苦能慢慢消融在温水中，放过我们。我们渴望通过沉浸在不断蒸腾水雾的浴缸中放飞心灵。

十六　纵情悲伤

　　悲观主义者总是做着最坏的打算，消极看待人生。通常我们不会把这样消极的情绪当作一种幸福，但在悲观主义的臭名昭著背后，实则暗含着仁慈、慷慨的哲理。想想悲观思维的根源便说得通了。悲观主义起源于古罗马，由剧作家兼政治家塞涅卡以及罗马帝王马可·奥勒留创立。此二人并非为煞风景而为之。悲观主义是在危险乱世中捍卫幸福的精心策略。他们对失望沮丧给人带来的侵蚀能力感到惊讶。对任何人而言，无论从客观来看情况多么可喜，一旦期望和希望膨胀，便会变得欲壑难平。我们会感到难过，不是因为情况的确十分糟糕，而是因为我们的需求没有得到满足。因此，奇妙的是，做好最坏的打算反倒能带来积极的心态。生活的悲惨并非偶然，悲观主义告诉我们：生活对任何人而言都是极度困难的。

以下是悲观思想带来的几种微小的幸福。

我们相信自己的寿命能达到平均水平，确定了自己所剩时日的多寡，便安心落意，毫不在意大限将至前要熬过数年每况愈下的日子，要忍受见证朋友离世的恐惧，要忍受舒适生活被剥夺的痛苦，要忍受因为无法像比自己年轻数十岁的青年们一样做出成绩的羞愧，要忍受由膀胱问题和性欲下降引起的难为情。换言之：我们绝不因时日无多产生的恐惧而退缩。

当我们解决了一个大麻烦后，我们便幻想着会心满意足，平静和安逸会很快降临。但是，我们真正做到的只是一如从前地为更加恶意、激进的担忧腾出空间。生活不过是用一种焦虑替换另一种焦虑的过程。

我们所遭受的大多数苦楚都来自我们对健康、幸福和成功的渴望。因此，我们能为自己做的最具善意的举动就是认清我们的痛苦并非暂时的、稍纵即逝的，而是会愈演愈烈，直至最糟。

在我们眼里，只有还不够了解的人才会被认作正常人。

我们在心里为不了解我们的人预留了一块专门的位置。我们不但不会忽略他们，反而会把他们的质疑深埋心间，不断探索向他们证明自我价值的方式，但是永远不会成功。

要想变得平和，最佳的方式就是不要对任何人抱有期望。你无法从任何人那里得到应有的欣赏，也永远无法充分满足他人的需要。想要变得宽容、耐心、风趣，我们需要意识到人仅需要、也必须要孑然独立。

真正的智慧是认识到智慧常常不仅仅是一种选择。理论上我们想要冷静地面对问题，站在对方的立场上思考，虚心接受批评，平和地承认会被讨厌的人抛在后头的事实。但实际上，我们会局促不安、诚惶诚恐、陷入暴怒。我们永远不会完全成熟，总是拒绝接受痛苦的真相。而承认并接受这样的自我其实是明智的。

世上的成功是为那些不快的灵魂颁发的安慰奖。曾经受过的羞辱被扭曲了，使他们认为自己不配取得"成就"，即使取得了也永远无法弥补他们一直渴求但无果的无条件的爱。

曾经伤害过我们的人，不但不会如我们想的那般心怀愧疚，还会因为我们提醒了他们自己有多卑鄙而憎恶我们。

　　那些在乎他人看法的偏执狂啊，请记住，爱你的人寥寥无几，恨你的人也只有一些，大多数人根本就不在意你。

　　只有当他人开始一次又一次地让我们失望时，我们才开始认清他们。选择和谁厮守一生不过是决定我们将要忍受何种苦难。治愈迷恋的良方是多去了解对方的欲望。很快，终会暴露的瑕疵就会显现。

　　悲观主义带来的幸福并非来自卑鄙或刻薄。事实上，它出于同情。悲观主义是现代社会痴迷于乐观的济世良方，它让我们能够和他人一起诚实面对清醒的现实。

十七　自我怜惜

　　我们从小就懂得自我怜惜。那是一个阳光灿烂的周日午后，父母对九岁的你说，如果不做完数学作业就不能吃冰激凌。你觉得这太不公平了，别的小朋友都在踢足球、看电视，只有自己的妈妈这么讨厌，这感觉太糟了。

　　从理论上说，我们都坚决反对自我怜惜。我们深深排斥它，因为它揭露出自我主义最根本的面目，即未能从人类历史这个大背景中寻找到恰当的角度审视自己的痛苦。我们对自己的小灾小难伤春悲秋，却对世界性的巨大悲剧冷眼旁观，我们因剪坏的刘海和烧坏的牛排烦心，却不关心中国的工作条件和巴西的基尼系数[1]。

　　没人会承认自己喜欢自我怜惜。但是坦白来说，我们

_____

[1]　基尼系数是国际上通用的、用以衡量一个国家或地区居民收入差距的常用指标。

常常自我怜惜，而且实际上，这是一种相当美好的情绪。

　　他人给予的同情远远比不上我们真正应得的。即使拥有顶级的流量套餐和设计精良的电冰箱，从各个角度来说，生活仍是万般艰难。我们的才华从未被充分赏识，我们最好的年华注定会慢慢流逝，我们无法获得所有想要的爱。我们应当被怜惜，而身边的人并不怜惜我们，因而只能自我怜惜。自我怜惜的动因可能是"可怜的我啊，从没开过法拉利"，也可能是"我以为要去日料店，没想到他们订了酒吧，真是太惨了吧"。可能从崇高的角度看，我们的动因很可笑，但这不过是为我们深思更重大的问题提供了便利的机会：在极度痛苦的生活中，我们确确实实需要温柔陪伴。

　　试想一下，如果我们无法自我怜惜，情况会如何？我们可能会变成心神不宁、情绪抑郁的人。抑郁者不懂自我怜惜这项艺术，他们对自己太过严苛。如果你想想家长安抚孩子的画面，就会发现他们常常将大把时间用在安慰一件极小的事上，比如丢了玩具、玩偶的眼睛坏了、没被邀请参加派对，等等。父母这么做不是无厘头，而是在教育孩子如何照顾自己，并让他们懂得"小小的"难过也会产生巨大的内在后果。

渐渐地，我们也学着模仿家长的方式来对待自己，在无人怜惜时能够自我怜惜。这并非必要也并非全然理智，而是一种应对机制。这是我们构建起的第一个保护壳，它能够让我们应对生活砸向我们的巨大失落和沮丧。自我怜惜所采取的防御姿态丝毫不能被轻视，这是令人动容、至关重要的。许多宗教都依靠神祇对世人的无言怜悯来体现这种态度。例如在天主教中，圣母玛利亚常以流泪的形象出现，表现她对普通民众生活疾苦的惋惜。这样的温柔存在投射出我们对怜惜的需求。

自我怜惜是对自己的怜悯。更成熟的自我找到柔弱、迷茫的灵魂，安慰它、轻抚它，告诉它我们理解它，它其实十分可爱，只是被误解了。自我怜惜使它享受到片刻婴儿的稚气时光，而它其实本就如此。自我怜惜为每个婴儿，更重要的是，为每位成人，提供了熬过痛苦所需要的无条件的、确定的爱。

十八 一见钟情

　　在一次会议上有人介绍你们认识。对方看起来很友善，你们就主讲人的议题进行了简短交流。但是，仅仅因为对方说话时歪了歪脖子还有口音里的轻快，你早已在心里得出了不可动摇的结论。或者，火车穿梭在夜色渐浓的郊外，你坐在车里，不停看向坐在你斜前方的那个人，并在接下来的好几英里的旅程中一直如此。你不了解对方的具体信息，只看到了他的长相和衣着。你注意到对方的指尖划过《中东美食》的书页，指甲修剪得干干净净，左腰上系着一条细长的皮质衣带，正眯着眼睛凑近查看门上的地图。这些便足够说服你了。又有一天，你走出超市置身人群之中，突然瞥见一张脸，不过八秒钟时间，你却感到了同样强烈的确定。对方消失在陌生的人群中后，你还带着一分苦乐参半的忧愁。

一见钟情对一些人而言是常有的事，而且，几乎所有人都曾经历过。在机场、火车上、马路上、会议上——现代生活的快节奏无时无刻不要求我们快速地与陌生人往来，我们从这些陌生人中选了几位，他们不仅有趣，更重要的是，他们还是我们生活中的良药。一见钟情这种现象触及现代社会对爱的理解的实质。一见钟情像一场小骚动，本质有趣，但时而荒谬。它看似爱情这个星系中的一颗小星球，但实则是个秘密中心天体，我们所有关于浪漫的概念都像星球绕着太阳一般围绕着它旋转。

一见钟情以纯粹、完美的方式展现了浪漫这门哲学的活力：因互不了解才侃侃而谈，又因外在障碍阻止话题深入，但还有无限的希望。

一见钟情揭示了我们想让细节代表整体的强烈渴望。我们通过眉形推测对方的性格，通过与同事讲话时把身体重心放在右腿上的姿势推测出对方的心灵有趣又独立，通过低头推测出对方害羞又敏感。仅通过几个微小的细节，你就渴望与对方百年好合，相濡以沫。即使你和母亲相处得并不融洽，对方也会明白你对她浓浓的爱；即使你工作中走了神，对方也会知道你兢兢业业；对方会理解你不是在生气，只是有些沮丧。这些你性格中让他人困惑不解的部分最终会得到抚慰人心的、明智成熟的灵魂伴侣的理解。

然而真相是，这些人的真实状态与我们所描绘的理想形象全然不同。他们确实有许多美好品质，但也存在问题，也会失败，也有弱点，还有其他烦人的性格。他们可能会有这样或那样的童年阴影，有深藏在心里自私自利的一面，他们也许不理解或者反感我们重视的事情。若我们将一见钟情付诸行动，受幻想的鼓动和对方确定了关系，我们很快就会察觉这些缺陷。

为了享受一见钟情带来的愉悦，我们必须理解它的实质。如果我们认为对方会带给我们快乐，是白头偕老的理想伴侣，便在不经意间毁掉了一见钟情带给我们的特殊幸福。这种幸福的来源在于，我们认清自己只是要幻想出一个理想伴侣，而不是非要找出这么一个人。

理想的一见钟情是意识到我们脑中描绘的美好形象只是我们自己的创造，体现的是我们自己的幻想，而不是他人的真实模样，而幻想本身才是至关重要的。一见钟情令我们看清自己的理想标准，我们或许无法恰当地认识别人，但是能更好地了解自己。

十九　穿衣蔽体

多数人都认为性感的本质是赤裸与露骨，按照这个逻辑，最性感的定是那些极尽所能展现胴体的画面。

然而真正刺激感官的却大有不同。性感的核心不过是一种企图，一种希望能够进入他人生活的企图，尤其是一直不被准许时，这种企图尤为强烈。性感源于禁止与准许之间形成的反差，是被允许随意触碰后获得的一种宽慰与感激。

奇怪的是，这种感激并非在得到完全的许可之时最为强烈，而是在处于分界线上，在刚被允许踏出第一步时，在脑中对性的顾忌尚还强烈时，达到巅峰。被接受的喜悦消除了被拒绝的危险，让人如释重负，欣喜若狂。

这表明了为何在欢爱时留下几件衣服故意半遮半掩更能撩拨心弦。有时为了增强刺激感，我们也许还会设定场景，像在害羞的青春期或在保守的沙特阿拉伯，只让自己贴着对方的身体，除了带着歉意的拥吻和微微的轻抚外，什么也不能做。

在衣物的遮蔽下，我们保持着对欲念的期盼。一种特别的兴奋产生在与他人初见时：当你看似不经意地伸手越过沙发靠背，用指尖轻扫对方的衣领，探向美妙的后颈，再略略下滑；或者在餐厅里，带点试探地触碰对方在桌下被长靴包裹的小腿，同时继续着刚才的话题，畅聊法国的花园或是欧盟的未来；或者当某人俯身拾起地毯上的花生，只是为了特意在你面前展现被T恤勾勒出的健硕臂膀，或是小黑裙衬托下的纤细锁骨。

我们会用一些把戏让自己重温获得准许时无可比拟的愉悦，外衣让我们联想起生活里的各种障碍，而我们最终会安然地将它们推倒。我们会与伴侣闹着玩，隔着衣服贴紧对方，使美妙的迎合与先前的拒绝结合成一种诱惑的享受。

浅尝辄止这条众所周知的道理其实是装模作样的，它使我们的恋人身份更加生动撩人。我们试图通过这些把戏走出被排斥造成的创伤。

我们的举动常常会被自己渴望的人拒绝，这是我们无法掌控的事实，但乐于接受我们的伴侣却允许我们这么做，如此，从前因无法掌控而令我们痛苦万分的行为现在在我们的掌握之中了。拘谨被我们用在把戏中，消除曾经的困扰。代入到情爱当中，拘谨不再令人痛苦，而让我们树立起被他人接受的信心。

一旦我们习惯毫无遮挡地待在他人身边，得到进入他们生活的准许时所带来的喜悦可能就不在了，它会被我们视作理所应当。最后，我们也许会在洗过澡后不着寸缕地看起电视，而不会有人在意无遮无挡的我们其实有多特别。半遮半掩的把戏试图通过把注意力转向被允许这项特权上，使我们对赤身裸体的兴趣得以存续。这个把戏代表着我们极度渴望一种美好，而这种美好是最终获得许可后产生的。

二十　亲吻

　　我们当然都明白亲吻有多美妙，详述亲吻带来的愉悦并不是把注意力吸引到被我们忽视的美好事物上，而是重新领悟并深化我们熟悉的美好。

　　共同的渴望往往通过十分怪异的举动表现出来：平常用来进食和说话的器官相互紧贴，辗转厮磨，力道不断加深，还伴随着唾液的分泌；平常用来发出精确元音、把嚼碎的土豆和西蓝花传送到后腭的舌头，这会却探入对方口中，不断追逐触碰。

　　如果开普勒 9b 星球的外星访客看到这一幕，细心解释一番是少不了的，我们得告诉这些星际来客，这两个人并不是想从对方脸上咬下一大块肉来，也不是要给对方充气（"别联想起刚刚说的派对气球，这两者可没关系"）。

　　看到了亲吻奇怪的本质，我们不禁困惑、好奇：亲吻究竟为何意义非凡、令人激动？若亲吻真的十分怪异，我们为何乐此不疲？

欲念是发乎于心的。并不是身体上的行为撩拨着我们，起作用的其实是我们的想法。

亲吻之所以令人激动，部分原因来自社会礼仪。啜住对方的唇瓣并非在最初就意义非凡。我们可以试想，如果在另一种社会礼仪中，两个人相互摩擦虎口才是意义非凡的事，那么，向前贴近对方，虎口处的拇横肌被对方揉捻着，你的心弦便会被撩拨起来。你会在夜里躺在床上，睡意全无，幻想着这样的场景，不知对方会如何回应。初吻将是你终生难忘的回忆。亲吻肩负的重大意义正是建立在社会准则之上的，它最基本的含义便是：我接受你——全心全意地接受你，愿意为你冒险。正是在这个基础上，亲吻不仅带来身体上的美好体验，更带来心灵上的愉悦。

亲吻之所以激动人心，在于它易于引起反感。口腔是极为私密的，除了自己，只有牙医见过。光是想想讨厌之人的嘴唇就让人不寒而栗。通常而言，让陌生人把舌头伸进自己口中，让双唇被对方的唾液润湿是极为恶心、恐怖的。因此，允许某人亲吻自己意味着对此人的极大接纳。无关乎舔牙釉质的乐趣，用舌尖轻触对方后牙所带来的喜悦是与众不同的。我们每一个人都会感到自己不被接纳、感到羞愧，而他人的吻能慢慢帮我们克服这些忧虑。

除了完全暴露在公众视线里的那些人，多数人都有难以捉摸、深埋心底的一面，他人都不了解，只有自己最熟悉。而在认真的亲吻中，这一面活跃了起来，你感到自己与对方坦诚相待。在亲吻中，我们的唇瓣成了一个特别的部位，我们在这里放下戒备，把自己交给他人，不带一丝遮掩。亲吻，从根本上说，是一种幸福，因为它向我们发出比情爱更激动人心的信号：亲吻让我们暂且逃离寂寞。

传统的浪漫主义不赞成对幸福进行分析，担心分析幸福的同时会破坏幸福，担心科学分析会揭穿幸福赖以存在的秘密，就像魔术表演被解密后就失去了趣味。相反，我们认可另一种更传统的观点，这种观点认为探究幸福的实质可以加深此刻的甜蜜。如亲吻这样微小的幸福常常可以满足更大的需求。我们之所以会心生满足，在于认识到我们获得了至关重要的东西，尽管我们通常并不明白这究竟为何物。因此，探究幸福的本源，挖掘它的内在含义，能产生更深层的领悟。当我们领悟了产生幸福的原因，幸福就变得越发强烈、越发重要了。

二十一　儿童画

如今，我们往往理所应当地认为儿童画确实可以让人陶醉。然而，除非家里有个六岁的孩子或者我们成了溺爱孙辈的爷爷奶奶，否则我们并不会过多在意儿童画。我们并不否认儿童画惹人喜爱，只是我们往往不会故意在生活中为它留个位置，我们把它当作可有可无的东西。因此，欣赏儿童画带来的微小幸福经常会被我们忽视。

从历史上看，我们会产生这样的幸福感着实很奇怪。就算到了现在，也不会有人把将六岁儿童的画挂在办公室、王座室视为成熟、理智、可取的行为，也不会有任何成年人对儿童画里的奇怪形象着迷：画中的人物带着搞怪的微笑，手臂横在躯干中部两侧，手指又短又粗，显然还没有双脚。直到十九世纪末，人们才渐渐不再狂热于注重技法与写实的画作。儿童画就好似初学者对这种画作的笨

拙模仿。

我们越来越想被取悦，但是我们究竟能从不到七岁的孩子的画里找到什么特殊的价值呢？我们身上是否存在某种需求，能够解释让我们感到愉快的原因呢（愉快常常被看作是对需求的满足）？如果我们认为一幅儿童画是让人愉快的，我们所说的"愉快"指的又是什么呢？为什么我们当下迫切渴望这种愉快呢？

儿童画触动我们的常常是它所蕴含的一些品质。这些品质在成人世界里岌岌可危，却能够产生内在的平衡以及心理上的幸福，让我们不由自主地视若珍宝。它所带来的愉快对我们而言至关重要，但这种愉快现在却被我们遗失了。

儿童画中最常见的一种特质就是它透露出一种信任。只要情况进展顺利，孩子们就会相信眼前所见：如果妈妈笑了，那她就一定很好。在儿童的世界里，没有似是而非的负累。孩子们不会试着掘地三尺去发现属于成年人的妥协和借口。他们的画作是对虚伪世故必要的高度修正。

在成人世界里，我们要时刻小心谨慎，时刻提防可能会从四面八方出现的麻烦。我们明白事物有多脆弱，平安和希望会在顷刻间被摧毁。常常不过十五分钟时间，我们就会被新一波焦虑淹没。正是因为如此，我们向小艺术家传递的信任寻求慰藉也就不足为奇了。看着他们极力在画纸上再现橡树或人脸，我们的精神也为之振奋。

儿童画充分暗示出我们需要的东西。首先，我们需要把大多数人想得很友善。带点虚伪世故显然是大有裨益的，只是我们过于看重这种态度了，这就使得我们需要的其他东西被排挤掉了。而儿童画能让我们再将这些东西悄悄运送回来。

儿童画具有另一种惹人喜爱的品质，而且这种品质是人们在心理上所需的，即，它无意表现世界的本来面貌。传统的看法认为要达到绘画的佳境，就必须放下自我，体察外部世界。艺术家必须学会如何观察世界，为达此目的，他们必须把自己搁置在一边。

儿童在作画时既不会煞费苦心也不会力求忠诚于实景，他们只是自得其乐，并不在乎世界的真实面貌。这种"对世界的正确理解"的丢失使得他们的绘画赏心悦目，体现出一种不必担心外人评价是褒是贬的自在愉快。我们再次看到，愉快这个术语所指的是我们想要在生活中多多创造但难以直接求得的事物。作为成年人，我们学着去适应现实和他人，这完全是可以理解的举动。但是，我们却把自己完完全全献给了现实和他人，我们灵魂深处的热情都因此冷却了。

事实上，我们在这个时代里才首次对儿童画中的美好产生兴趣不足为奇。社会敏感地察觉到正在遗失的东西。在我们生活的世界中，技术高度复杂，科学极度精确，官僚主义盛行，安全感稀缺，精英竞争激烈，要想在这样的生存环境中获得丁点的成功，我们必须动心忍性、放远目光、理智谨慎。然而，我们往往无法认清生活中短缺的是什么。我们很少会说：我们要多多突发奇想、更加天真无邪、更加不带负担地不顾他人期盼……我们忘了这才是我们想要的，因此才会在儿童赏心悦目的涂鸦里见到这些时感触颇多。

儿童画为我们提供机会，了解自己所需。它是一种独特的政治诉求，是一种短小的宣言，讲述着我们在当今成人世界的焦虑与妥协中极度渴求的事物。

二十二　报纸上的案件

　　你刚刚和孩子吵了一架，过会上班又要对上司忍气吞声。不过现在，你正在浴缸里读报纸。首页上有重大新闻。加利福尼亚州的一位厨师在确认妻子出轨后，将其杀害、分尸并水煮了四天，被发现时，尸体只剩下一点头骨，警方正是通过这一点点残骸确认受害人为厨师的妻子。然后你又读到一篇：住在英国卢顿市附近的一对夫妻假意为多位老人提供理财建议，以此和他们成为朋友，然后将其残忍毒害。还有一则新闻是西班牙的一位女性连捅邻居十三刀将其杀害。此前数月，这位女性洗牙师的宠物犬一直在其外出工作时狂吠不止，邻居多次投诉、留下威胁性的字条，也曾多次打电话报警，有一次甚至在街上伸脚踹狗。后来狗神秘消失。两天后，警察发现了邻居的尸体。或者，又一则新闻吸引了你：在澳大利亚从事公共医疗卫生服务的一位中产阶级管理人员多次伪造购进医疗器械的合同，挪用公款购买奢侈品，在被捕前两年内共购买四十七个 LV 箱包以及十一块百达翡丽手表。

把上述这些事情当作快乐的来源实难说通，因为报道的都是极为恐怖骇人的案件。但是，奇怪的是，尽管我们并不愿意承认，这些案件却给人一种宽慰，甚至会让我们听得很享受。也许，我们担忧的是从这些案件中汲取快乐显得我们是在纵容这些恶劣行为。但实际上，我们并非真的在鼓励犯罪，我们并不是因为案件的发生而开心。相反，我们开心的是我们意识到了这些案件有多么恶劣。

我们开心的原因之一是，这些涉案人员无论怎么看都和平常人无异。那个厨师让你想起曾经班里厚脸皮的小男孩。那位养狗的女性就像你刚刚在超市里见过的普通人一样。我们所接触到的人大多是经过修饰的，但是我们接触到的自己却是毫无掩饰的。这种不公平的对比意味着我们会无可避免地察觉到自己比实际上更怪异的一面。奇怪的欲念会撩拨到你；被堵在路上会想放声大哭；在人群里会莫名其妙地感到只有自己不正常；在工作中不得不对一句话哈哈大笑，即使在心里你觉得它无聊至极。

报纸上的案件便是在这种情况下发挥作用的，它重新界定了怪异的范畴。报纸上刊登的案件比我们的怪癖要怪异不下五十倍，因此我们的怪癖显得平庸无奇。显然你从未想过烹煮自己的另一半，不想用欺骗医院获得的赃款收集行李箱，也从未犯下毒害和捅死邻居的罪行。

这定是阿道夫·希特勒的书有众多中年读者的潜在原因之一。与其狂躁、妄想、破坏力和残酷的恶劣程度相比，其他所有人都显得十分可爱了。可能有人会喝一晚上的啤酒、说三两句难听的话、不刷牙就上床睡觉，但和贝希特斯加登[1]的行为准则相比，这样的举动已经相当正常了。

并不是说你从没经历过风雨。你也曾让背叛深深伤过；也曾经渴望过天上掉馅饼，坐享财富；也曾和邻居大

[1] 位于德国巴伐利亚州东南部的阿尔卑斯山脚下，是"二战"时期纳粹德国的核心腹地。

吵一架。但是你的所作所为相比而言还算文雅。你也曾勃然大怒，妒火中烧，为金钱发愁，但是你从不会像他们一样，你独自消化痛苦，不会犯下罪行。这些罪犯的邪恶行为揭示出你内在的、道德上的英雄气概。

二十三　夜晚疾驶

现在是晚上十点十五分。通常这时你正在看电视、穿着袜子在厨房走来走去、吃饼干，或是打算上床睡觉。但是此刻，你正坐在驾驶座上，看着远处汽车柔和的尾灯，以及对面车道上时不时一晃而过的汽车前照灯——距离最后一个高速指示牌还有一百一十七英里。

你感到动力十足、目标明确。轻轻一踩油门，汽车便奔驰在宽阔平坦的车道上，快速绕过一辆重型货车，车身微微腾起，拐进另一条长而平坦的公路，被舒适的路灯白光笼罩。蓝色的指示牌指向纳尼顿人[1]回家的路，你心中对这个你从未去过也可能永远不会去的地方顿生好感。

车内很舒适。汽车在警觉地关注着各项状况：仪表盘

---

[1]　纳尼顿市位于英格兰西米德兰的沃里克郡，是沃里克郡最大的都市。

上默默闪动的各项指示灯表明制动液储量充足，发动引擎温度恰当，目前车速为每小时七十二英里。你感到心满意足，仿佛回到了一个会移动的子宫里，安全地穿梭在漆黑的夜色之中。

幸福的感觉并非仅仅来自封闭的环境，你还体会到了另一种与脑内想法有关的满足感。这种满足感未被充分赏识但至关重要，可以用一种特别的名称为它命名：驾驶疗法。

大脑厌恶思考，这个事实奇怪而烦人，我们都不想承认。然而我们的确总在逃避，不愿证实怀疑，当我们推崇的想法失败，或遇上令人不安的证据时，与其进行棘手的精神对抗，倒不如放弃——而我们总是选择放弃。而印度僧侣在对待这些困难时却严肃认真，并且创造出特殊的环境来帮助自己战胜失败。他们在清静偏远处修建的寺院和点缀着青苔、沙石堆的花园里，探究不同的禅坐姿势能带来何种不同的感受。

但是僧侣并没有车。为了创造适合思考的理想环境，我们也经过了长时间的摸索。汽车称得上是令人安心思考的场所。随着汽车优雅地驶向出口下坡，我们会产生一种心灵上的幸福感。

很意外，绝对的沉静无法诱使自己静下心来，为思考创造最佳环境。更有助于思考的环境常常需要动静结合，再辅以不耗费精力的小事共同打造。驾车需要一套准备动作：检查后视镜、调整油门、自动扫描速度计、不断根据前方道路调整方向盘。在驾车提供的这种条件下，脑中和紧张、苛责有关的部分都被屏蔽了，我们毫不担心思绪会飘向何方，我们任凭心神随着头顶有节奏地掠过的灯光游荡。这样的思考看似徒劳无益，但是当心神围绕一个固定的话题游荡时，总是带有潜在的益处。我们摆脱了那些因为习以为常而被我们忽略的心理痼疾。被封锁起来的想法再次出现，就算之前这样错了一回，说不定还有其他方法？究竟什么才是我们的终极目标？是否存在这样的目标？也许我们一直以来都太吹毛求疵，或者，太消极悲观？恰恰因为我们没有过于劳神费力地思考，我们发现了看待事物的新途径。驾车疾驶让我们的心神进入了一块极为陌生但对我们来说大有益处的领域，在那里我们不必快速决定究竟要接受还是排斥冒出的想法，能够再三斟酌生活中是否存在类似的情况。夜间疾驶为心灵创造出温和的环境，一些重要的想法得以在此浮现。

停靠服务站休息对深夜独自驾驶的人而言有着奇异的诱惑。往常这里一点也不吸引人，但此刻你只想在此调整节奏，安静地坐在一群人中喝杯咖啡。无论他们伪装得有多好，每个人都在进行心灵上的探索。离家还有一段距离，正是这段距离让我们获益，让我们能有片刻时间，更清晰地明白人生在世所拥有的更广阔的意义。

YOUR

DESIGN HERE

二十四　周日早上

要是工作日，这时候你已经出门了。但你现在仍躺在床上，有时间细细感知从窗帘缝隙中透出的阳光。窗外比平日宁静些，如背景音乐般的城市喧嚣停止了，只听见路上一声车门关上的声响。今天要做的事不多，可以懒散地在浴室里磨蹭，平常得一边刷牙一边查看短信，一边匆匆套上工作穿的衣服，还要一边在脑子里思考当天要完成的首要任务。但是，在这个早晨，这些都不重要了。你得以从不断关注时间的紧迫感中抽身，无须紧赶慢赶，在明早之前，没有任何人会要求你做任何事。窗外云层一点一点地飘动着，下午可能会有雨。你有件在爱丁堡买的夹克衫，有一阵子没穿过了。你可能会去咖啡厅里坐一会，带上一本书或是自己的日记，点一份菠菜炒蛋，然后去公园里走走，看看鸭子，这便是极好的享受了。

我们可以把人与国家相比。就像国家由不同的地区组成一样，你也是由方方面面构成的：工作中的你、家里的你、在父亲面前的你、欣赏挪威峡湾照片时候的你。你无须对各个方面一视同仁。事实上，生活往往使我们只能关注到个别的方面，其他方面都被我们忽视了。还有些是我们根本毫无察觉的方面，比如有机会的话也许我们会种植蔬菜、学意大利语、跳伦巴舞、对建筑大师勒·柯布西耶的设计一见倾心。这些方面就像是一个国家中偏远的省市，就算有和它们相关的消息，也鲜会传至国家的中心。在周日的时光中，我们能探索自身，认识或者说重新认识还不了解的自己。平常，这样的自己总因为诸如工作的需要、他人的期待等可以理解的理由而被忽视。

很长一段时间以来，周日总是与宗教紧密相关，这在西方尤为明显。周日是基督教对犹太教安息日[1]的演化，是上帝指定的休息日。周日的传统宗教概念明智地把这一天专门用于进行积极的活动，有各种各样的禁令来确保这

---

[1] 安息日"Sabbath"一词本意为"七"，希伯来语意为"休息""停止工作"，是犹太历上每周的第七日，被犹太人谨守为圣日，不许工作。

一天只能够用来放松休息，不能进行交易，商店、剧场、酒吧必须歇业，火车班次必须减少。这么做不是为了削减娱乐，而是为了确保时间能被自由地用在他事上。虽然这样的规定大都已经取消，人们潜在的需要却留了下来：时间需要被保护。人们可以选择继续享受数字化生活的便利，可以选择不读报纸，也可以选择不被琐事缠身。一整天都无法专心致志地做自己的事是相当危险的。

安息日的其他意义还体现在，你认识到一天二十四个小时的时间虽然不短但却有限，你期待利用这段被特别规定的时间去做一些事情。人们本该在周日去教堂礼拜，那些仪式会引发人们的思考，这些问题至关重要但总被搁置一边：我这一生都在做什么？我和他人相处得如何？我到底珍视什么，为何珍视？与周日有关的传统观念都囿于宗教范围内，但周日为我们实现的需求实际上全然独立于此。

周日早晨所带来的世俗快乐不仅仅有关放松和自由，还与一种感觉相关，人们会在周日感到自己有机会用一种更广阔的视野重新看待生活。

我们希望能有片刻放下手头的琐事，走向崇高、宁静、永恒的生活。我们正渐渐获得高尚的觉悟——也许这样的说法并不恰当。通常，我们总是表现出所谓"低俗"觉悟的特征：讲求实际、不懂自省、自我辩白。在这样的时刻，世界展现出截然不同的两个方面：一方面是充满磨难与徒劳的世间，人们一边竭力呐喊以求他人侧耳，一边抨击冒犯他人；另一方面是充满温柔、渴望、美好、脆弱的天地。恰当的回应方式是一视同仁的怜悯与和善。怀抱这样的心境，人们会减少对自己生命的些许珍视，会深思不再拥有宁静之后的模样，会把兴趣搁置一边，也许还会在想象中与转瞬即逝的景物或自然融为一体，如树木、清风、飞蛾、云朵、拍岸的海浪。从这个角度思考，地位、财产和苦闷都变得无关紧要了。如果在此刻被他人遇见，他们定会对我们的转变以及新生的慷慨与怜悯惊诧万分。

高尚的觉悟当然是短暂的，我们无论如何都不希望它永恒存在，因为它与我们要解决的现实问题格格不入。但是，当它出现时，我们应当充分利用它，并在我们最需要它的时候体悟其精髓。周日早上产生的幸福感中最重要的一部分便是，我们意识到这一段时光非同寻常。

二十五　爱人的手腕

当然，大多数时候你根本不会留意手腕，但在一些特殊的情况下——比如戴着皮质表带、利落地挽起袖口、戴着琥珀石镯子、掌心向上放在桌上时，你会注意到对方小臂内侧细腻的肌肤，柔和的血管线条交错缠绕，微微跳动着，一起一伏。人际交往的要求及复杂程度难以避免地意味着我们无法一直与共度大部分人生的这个人甜甜蜜蜜、相敬如宾。但偶尔瞥到手腕，却能让你重拾消失的柔情。

凝视着连接小臂与手掌的手腕，你重新认识到当初坠入爱河的原因。凝视手腕的幸福在于它让我们回忆起过去：爱人还是个婴儿时手腕纤细的样子，手腕被包裹在羊毛手套里的样子，爱人过去常用大拇指把蓝色上衣的袖口往下拉（最后竟磨出了一个洞）的样子。

你想起爱人会时不时摆出优雅的手势，这一动作不仅

在热恋时深深吸引着你，时至今日仍有这种魔力。他会在打字打到一半时突然停下，双眼盯着屏幕，咬紧下唇，双手仍悬在键盘上，手腕的姿势透露出一股迟疑，表现出渴望把事情做好的焦虑。也许这在他八岁半开始学钢琴那会就出现了，那时他竭力想取悦老师，尽力弹好每一个音符。爱人身上这种竭力取悦他人的一面在日常生活中并不常见（在责备你没有尽到对家庭的责任时尤其难以寻觅）。

你还会被爱人切西红柿的模样所吸引。食指贴着刀背，手腕朝着砧板向下压，似乎只有他这样切西红柿。看着他，你回想起笨手笨脚的童年时代，那会切个东西都得费大把力气。你仿佛穿越了时空，回到爱人的年少时期，没有后来生活中的错综复杂，渴求地体会着那段美好时光。虽然爱人有时表现得十分坚强，手腕却展现了他脆弱的一面。

可能在这世上，只有这个人是你可以通过手腕认出来的。

二十六 最爱的一件旧衣服

现在，这件衣服只能在家穿一穿，甚至也许是只有自己一个人或者需要一些借口的时候才好意思穿上了。比如天气突然变冷了、经济状况不乐观了、刚从郊外的大雨里长途跋涉回来，洗了澡，现在可以舒舒服服地待着了。

这件衣服一度很时髦，服帖地包裹着你的身子，袖口的大小也刚好贴合手腕的粗细。但是现在它已经完全变形了，松松垮垮的，袖口向外卷，左边的胳肢窝处还破了个洞。

刚买回来那会，一个宜人的午后，你在哥本哈根穿着它；发现某人出过轨时你穿着它；在各个城市辗转奔波时你带着它；裸泳后你把它套在自己光裸的肌肤上；在去新加坡的飞机上你把它当作颈枕；备考时你穿着它；恋人曾用它的袖子绑住你的手腕。所有这些都存在于这件衣服里，把脸埋进里面深吸一口气，便仿佛回到那些时刻。穿着它窝在沙发里看电视是件美好的事。现在，只有你真正喜爱的人才有机会看见你穿上这件衣服的模样。

这件衣服让我们在脑中排演一幕又一幕重要的往昔岁月，它是我们从童年走向成年，再走向老年的过渡性客体。

保存旧衣服与生活中常见的另一种做法——当事物失去原有价值时便不再留恋——背道而驰。旧衣服没有遵循事物让人渐渐失去兴趣这个冰冷的发展方向，相反，它默默承载了许多爱意。虽然我们没有对自己道明，但我们其实希望被别人当作这件旧衣服一样对待，希望他人不仅不介意我们经历风霜而改变的身形和性格，反倒因此对我们喜爱有加。我们渴望在这件旧衣服上看到的温情能够在我们自己身上延续。

二十七　与小朋友手拉手

　　你正带着朋友的小家伙——一个三四岁的小朋友——去上幼儿园或者去公园野餐，小朋友一只手抱着毛茸兔或玩具消防车，另一只手拉着你。这也许是很少在你生活中出现的场景。

　　回忆起自己的小时候，我们正与心中孩子般的自己会合，我们曾经也是个孩子，甚至现在还保留了部分孩子的特点，我们在这孩子般的自己面前表现得像个大人，不断给予鼓励，并温柔相待。

　　我们牵起孩子的手，心中腾起一种陌生的保护欲，我们变得有耐心，还对危险和外部条件产生了警觉：往前走这三步会出事吗？我们会仔细留意路缘，还有路边经过的贵宾犬。虽然贵宾犬很可爱，但对于和它一样高的小朋友来说，它也是个潜在的危险。你时刻保持警惕，准备随时

将你要监护的小家伙一把揽进安全的臂弯中。

人们都忘了孩子有多么可爱。想想他们观察橡果时那严肃认真的模样吧。有小朋友相伴，你重新记起踩水坑、翻邻居家的垃圾桶、观察停着的车的方向盘竟然如此有趣。

由小朋友陪伴所产生的幸福感是弥补成人世界里的错误和固有缺陷的良方（但是这些问题在如今太过常见，人们都已经习以为常了）。这种幸福感源于再次发现某些关键真相，而这些真相有关世界的美妙，有关爱，以及我们给予无条件的和善的潜能。也许，你相信，终有一天，这些今天还需要你细心看护的孩子也会长得和你一样大，做和你一样的事，产生和你一样的想法，而在此时此刻，这些对他们而言都还十分陌生。有短暂的片刻，人们会惊讶于人类从幼年到死亡的人生历程中的全然陌生之感。

二十八　老石墙

老石墙树立在此，经受了数十年，甚至数百年的风吹雨淋、日晒严寒；青苔在墙上逮到落脚点就疯长。也许这堵墙早就存在了，也许在人们还不懂得各个大洲的轮廓、印度马拉地人也还未在旁遮普[1]取得关键性胜利、拿破仑还没有在厄尔巴岛[2]上忧国忧民时，这堵墙就已经存在了。也许，在维多利亚女王伤心悼念丈夫的每一天里，都有人从这里走过。这堵墙的存在远比我们长久。构成这堵墙的石块远在蜥蜴和甲虫诞生之前就已形成，我们永远不会知道搭起这一块块石头的工人姓甚名谁，也许也难以想见他们的生活。

---

[1]　旁遮普位于印度西北部，历来印度的征服者都由此邦进入印度。

[2]　一八一四年拿破仑被迫退位后被流放于此，在此地保留君主封号，并将这里称作"厄尔巴王国"。

此刻，你蓦然感到时间的冲击竟是这样温和。我们常认为时间会摧毁一切。时间磨损着一切，让它们岌岌可危、破败残缺。不过，此时此刻，我们幸福地发现了一个充满希望、触动人心的真相：事物可以历久弥新。时间的打磨其实可以让事物变得更好。尖角被磨圆了，色彩被淡化调和了。老石墙成了历久弥新的体现：它不仅没有因为老化而变糟，反倒奇怪地今非昔比了，它抚平了我们对于年老就代表疲惫、不讨喜、没用处、被忽视的担忧。产生这种担忧，在很大程度上是由青春和新奇带有的魅力导致的，虽然这种魅力真实存在，却被过度强调了。

微小的幸福常常如此：我们还不知为何，注意力就已经被深深抓住了。我们感受到了老墙的魅力，但我们也许永远不会探究这堵墙究竟要对我们倾诉些什么，而且我们通常就这样把这个问题抛之脑后。我们相信，幸福取决于那些重要的意义如何自行浮现。在每种幸福背后，都藏着抚慰人心或大有裨益的生存见地，而正是在略微有些感悟却还未完全参透时，我们迎来一阵幸福的喜悦。

二十九　不约而同地厌恶同一个受欢迎的人

从你厌恶的人和事上可以看出一些重要品质。但是，承认你对赢得多数人喜爱的人无法接受，常常是很冒险的举动。让你反感的人无须是公众人物，可能仅仅是恰巧被你身边人仰慕的对象。你学会了小心谨慎，你曾尝到过以讹传讹的后果。不过是暗暗贬低过一次深受大家喜爱的人，人们就猛烈地抨击你，指责你吝啬刻薄、傲慢自大。你并不是不理解追捧者受到的吸引，只是无法对此产生共鸣。当然，这是一件小事。可是，这种反感有着更大的内涵：这样的消极评价是由你的某些体验及个性导致的。你可以把这些经历和个性隐藏在暗处，照样生活下去，可是要付出代价。你隐约感到自己慢慢适应了他人为你设的限，也接受了他们的错误想法。你忍受着他人的迷恋痴狂，但是他们却不允许你身上有同等程度的收敛稳重，也

不接受你诚实的厌恶。因此，当有人迈出一步，直截了当地告诉你，他们也从心底里讨厌那个家伙时，那种美好是无与伦比的。

共同的厌恶为双方建立起牢固的纽带。有人认为，这种厌恶有着深厚的渊源，定会有其他表象，暗示着其他共同的反应。在这样特殊的时刻，心灵上的潜在默契得以显现。

无须在充满敌意的环境中解释辩白是种美好的体验，无须出于礼貌点头逢迎以求和睦让人如释重负。我们常常无法意识到，在内心深处的某个地方，我们有多么孤独。

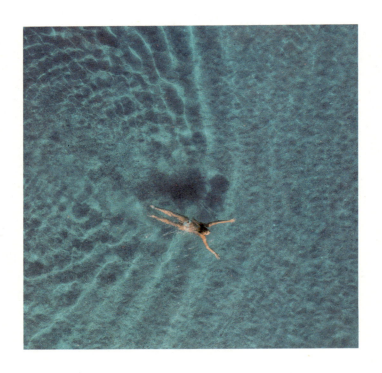

三十　在海中自在游泳

　　也许刚开始你一点也不享受。距离上一次在没过膝盖的水中蹚过，感受潮水在腿上奇妙的推搡已有一些时日了。你能清楚地看见水底沙土的纹路，偶尔还有礁石的影子，经过礁石时还会看到匆匆溜走的小螃蟹。一棵神秘的海藻浮在水中，你知道它没什么危险，但还是得不停安慰自己它一点也不可怕，童年时对海藻底部未知情况的恐惧还历历在目。你回想起海水的冰凉，尽管，从理论上说这是片温暖的水域。你打算让自己潜入水中。支走前面几个拍打水花的小孩，缓缓地把身体潜入令人胆寒的海水中。这似乎根本不可能，你永远也不会这么做的。但是随后，你慢慢地沉下去了一点，脖颈在小浪花的拍打下马上僵住了。然后，你潜进水里，自如游动，感到安全、自在，还奇怪地感到了温暖。

　　你现在身处另一种元素当中，行走是不可能的，坐下也是白费力气。你随着轻柔的水波上下浮动，埋头扎进水里，背朝上漂浮在海面上。本性中懦弱犹豫的一面被撺掇、哄骗着克服了恐惧。在海里游泳的幸福感随之产生。

面罩和呼吸器源源不断地为你提供在陆地那个熟悉的老环境中所需的资源，使你能在水下的异域空间里精力旺盛。起初，你根本不相信自己能在水中呼吸，一直担心会窒息，但一切正常。本能的焦虑被抚平，呼吸变得越发自然。小鱼从你身边快速游过。朋友的腿看起来不同以往，但很迷人，你控制不住想要抓住一只脚踝。有了呼吸器这根通向空气的生命线，你在水里也可以自由自在。

也许，只要借助恰当的"呼吸器"，我们就能在各种各样不同的空间里克服自己最初的犹豫与尴尬。我们也许会因为身处禅院，因为挪威的民间音乐、巴洛克式的建筑、一段新的感情而感到安逸自在。

我们体内热爱冒险的自己苏醒了。当我们从水中起身，水珠滴滴答答地往下落，带着心满意足的疲惫走向温暖的海滩时，我们也从海里把这个爱冒险的自己带上岸了。其实这个自己一直流落在海中等待你的迎接。

三十一 "糟糕"的杂志

　　说这些杂志糟糕并不是因为它们从各个方面看都实在恶劣有害，而是我们自己这样认为：如果被朋友知道我们陶醉其中，时不时翻阅几页，我们将会多么难堪。其他人可以在公众场合翻阅这些杂志，但我们不可以，甚至连买一本这样的杂志都会让你犹豫不决。在柜子上出现这样一本目标读者与你性别不同，或者明显与你社会地位不符，又或者与你平日的形象不相称的书，场面会十分尴尬。但是，在牙医的诊室里、在朋友家的洗手间里、坐在飞机上时却有机会大胆翻阅。

　　虽然你只能勉强付得起房租，你还是在了解西班牙房产的投资策略；虽然你身为派对老手，什么样的怪场面都见过，你还是会为了在派对上吻了你之后又吻了其他女孩的男孩发愁，在杂志里寻求建议；虽然你永远不可能真的

买一艘快艇，你还是在研究哪一个型号才是最好的；虽然你根本不喜欢野营，你还是在专心致志地查看北威尔士的房车停车场评价，尤其注意它干不干净、允不允许携带宠物、对六十岁以上的老人是否提供特别优惠。你会翻看这些杂志看起来真是怪事一桩。

你所获得的幸福感是真切的，但有些令人摸不着头脑。一种说法是，通过阅读这些杂志，我们遇见了不同的自己。我们真正经历的生活与幻想出的所有可能性相比，仅仅是沧海一粟。过去的微小改变就能导致全然不同的现在，我们本可以成为许许多多种其他模样。可能，我们会爱上自由自在的房车度假或者海上大冒险。可能，后天的培养会点燃我们本性里的小火苗，让我们成为鸡尾酒鉴赏师、地产大亨、职业象棋手。矛盾随之而来。我们想要对现在的自己忠诚，但又感到自己拥有无限可能，许多都躲在我们内心深处。让这些可能往外迈出一小步，我们便感到了幸福。

我们还从杂志中得到了亲切感。原来，我们眼里"糟糕"的杂志也被很多人喜爱着，发行量常常比我们眼中

"优秀"的杂志还要高。我们的观念得到更新，原来我们与他人的共同之处比自己想象中的要多很多。尤其是，通过这种共同的喜好所产生的亲切感，比所想的要浓得多。因地位悬殊产生的轻蔑、恐惧以及由此带来的焦虑，在这一刻被暂时抚平了，我们可以短暂地与和我们的生活迥乎不同的人谈论自己的忧愁与希望。有几分钟，我们产生了一视同仁的怜悯之心。如果我们把这样的幸福记在心里，我们就会变得更加慷慨、更加尊重他人。

翻阅这些杂志时，我们能够纵情享乐，暂且抛开身上的枷锁，不必担心后果，这一刻你不必表现得尽善尽美。人本就不如平日中受成熟要求而展现出来的那般聪明自控、严谨负责、实事求是。

并且这种幸福感的关键在于我们并不会沉溺其中，看一会，我们就可以合上书页。这种幸福是微小的，不会占据我们的生活，不会剥夺我们将其搁置一边的自由。

三十二　百听不厌的歌

　　也许听到这首歌的瞬间你为之一振，也许起初你并未过多留意这首歌，还总想着跳过它，听后面那一首你真正喜欢的歌。但这是一首伴随你成长的歌。也许过去几年里你一直喜欢着它，只是现在突然百听不厌了。它可能是你生命中某个特定时段最喜欢的歌——十七岁那年，你爱上了一个人，但是害羞得什么也不敢做。你想和那个人一起伴着这首歌起舞，但你从未这样做过。前一段，坐在去机场的出租车里突然听到广播里的这首歌，你忍不住差点掉泪。后来你找到了这首歌，又开始听起来。现在，你每时每刻都想听着这首歌。即使并没有在听歌，你也会在心里默默哼唱着。

　　你不必喜欢这首歌的每一个音符、每一句歌词。有时候，你只是在等待打动你的那一小段，那句被特意拖长的

"今——晚"，音调先是升高，然后下降，又在唱到一半的时候带着魔力般再次升高。这一小段不过几秒钟时间，但在这个片段里，你仿佛听到了许多东西，好像所有美好的体验都浓缩在这个片刻里了。或者还有一段，节奏突然停止，转变了节拍，音调陡然升高，节奏感顿时增强。又或者，演唱者的声音和乐器的伴奏在一小段华美的歌词中融为一体。

我们知道自己喜爱这首歌，但不理解它为何能深深触动我们，并给予我们大大的幸福感。我们又为何想要一遍一遍地反复聆听？

我们的大脑似乎会自然而然地从声音中汲取想法。舒缓的摇篮曲被全世界用来哄孩子入睡；爱人间的呢喃细语，连声调都充满浓情蜜意；争执里，苦涩的声线与谴责的话语同样伤人；光是听到舒伯特的《圣母颂》，就足以使我们被温柔包围；尽管大多数人都不理解《马赛曲》究竟在唱些什么，但其激昂的旋律仍振奋世人长达两个世纪，其旋律本身就能燃起昂扬的斗志。

歌曲寻回在生活里被我们丢失的东西。披头士乐队的

《*Hey Jude*》提供了一条重要的建议：别害怕。这句歌词触动人心的地方在于它使我们认识到自己多么胆小迟疑。歌曲先是理解、同情我们，然后才提醒我们应当做出勇敢冒险的决定。相反的是，有一些良言常常以逆耳的方式登场，让我们感到这是出于对我们愚笨的指责、愤怒和质疑。"别害怕"这句话有千百种说法，但行之有效的寥寥无几。约翰·列侬和保罗·麦卡特尼找到了理想的方式，让良言穿透我们的层层抵御，利用声调和节奏为我们打造理想的情绪，然后提醒我们去完成行之不易的事，用爱去冒险。

再以经典作品举个例子，莫扎特的《希望风如此轻柔》伴着缕缕清风许下祈愿。歌曲寄托了我们希望大自然让爱人平平安安的诉求。在这首歌中，两位姑娘希望载着未婚夫的船只能驶在风平浪静的海面上。我们将其延展到所有我们可能会遇到的恐惧上，那些各式各样且根本无力阻止的危险与灾难：迎面驶来的火车突然在高速上疯了一样地转变车道、癌细胞疯狂扩散、被信任的人背叛、愉快地独自俯冲下山时自行车前轮突然掉链。同样，歌曲会轻柔地告诉我们，我们无力阻止这些灾难的发生。我们希望能够阻止灾难，但确实无能为力。因此，歌曲敦促着我们去做一些意义非凡的事：承认人的脆弱，欣赏人的不完美。但是它不会一开始就让我们抱着这种重要却恐怖的想法，而是先让我们进入柔和的心境之中。这段旋律作为莫扎特的优秀作品之一，雅致、悲戚、朴实、温柔。这段音乐知道自己在向我们提出难题，因此它理解我们必须先拥有了恰当的心情，才能够面对忧郁但深刻的想法。

我们回头听这首歌是因为我们想要找回当初歌曲带给我们的状态，这种状态通常而言十分脆弱，稍纵即逝。最终，你会厌倦这首歌。你会听着听着就开始后悔听它。歌词不再像以前那样让你振奋，这一点让你觉得有些难过。但事实上，这可能是件好事。你没有滥用它、压榨它，而是充分汲取了你所需的，从此无须再从歌中索取经验了。这种美好的学习经历是身体发出的一种信号，让你收获了幸福。用一个简单的比喻来说，我们可以把这种幸福想成是孩子在唱字母歌或是哼着小调背诵对了一周的顺序时感到的开心。我们察觉到，他们感到幸福是因为掌握了对自己而言十分重要或激动人心的知识，但用不了多久，这种幸福便会消逝，因为他们已经把这部分知识牢记在脑中了。他们也许会时不时地想起这些知识，如有时他们需要想起周三后是哪一天。但是，这将不会是坐在车后座哼起小调唱出的知识了。

　　成人要理解的内容往往更为复杂。我们正在学习的知识很难用一句话来概括，也许还不是大量被动接收的信息，而是需要我们细细揣摩的态度。但是潜在的过程都是一样的。当这个过程结束时，我们无须哀伤，因为，我们已经将真理内化吸收了。

三十三　一本懂你的书

翻看书页时，一个古怪但美好的想法突然出现在你的脑海里：这本书懂你。很明显，作者可能在几个世纪前就去世了，根本不知道你的存在，但是他们的笔墨仿佛你的口吻，就像是你向他们坦白了自己的秘密然后被他们写进故事——当然经过了加工改编，人物都有不同的名字。或者，你被他们写成散文，没有直截了当地点明你的情况，不过全然意在如此。

即使是在我们极其喜欢的人、在我们身上倾注极大感情的人，还有在那些对我们偶尔慷慨、温柔、怜悯的人面前，我们也从未感到过被他们充分理解。孤单寂寞似千年冻土一般牢牢嵌在我们心底，即使一切在大体上都进展顺利，它也无法消融。

这本书也许像《哈利·波特》一样有万千读者，也

许只是专属于你自己的独特发现。席勒于十八世纪末所著的《美育书简》竭力将高尚的理想主义与政治上的现实主义融为一体，但它也可以是一本为你解决性困扰的自助读物；泰奥菲尔·戈蒂耶[1]在十九世纪中期所著的《莫班小姐》讲述了一男一女对主角歌剧演唱家莫班小姐的爱，用极为细腻的笔触展现了情欲的复杂，而你可能会觉得历史上的文学大家专门为你写了这本书。

　　书本了解你，表现在它能点明并重视潜伏在你生活中的重大却又时常被忽略的问题。例如，哈利·波特寄宿在德思礼姨夫家时，你能深刻感受到身处熟悉的环境中也会孤单。很长一段时间里，哈利·波特都不得不与不了解他的人生活在一起，他们从不承认那些本该使他受欢迎、被重视的真正的能力，反而瞧不起他，将他视作怪胎。该书充分表明了不被赏识的痛苦。

　　在很多事情上，我们本应被慷慨相待，但这常常可望而不可即。当我们在这些事上得到怜悯时，幸福感便油

---

[1]　泰奥菲尔·戈蒂耶，法国唯美主义诗人、散文家和小说家。《莫班小姐》中的主人公莫班小姐假扮男装，渴望探查男性的内心。

然而生了。巴尔扎克的《幻灭》即可作为例证。按照客观标准来看，主角吕西安极尽卑劣之能事，自私、贪婪、虚荣、占朋友的便宜，在事业上犯下大错。但巴尔扎克没有深入批判这些卑劣行为，而是把笔墨着重放在描写吕西安对周围世界所做的努力（他渴望在时运不济的世界里出人头地）以及内心的挣扎（害怕颜面尽失）上，不仅如此，巴尔扎克很明确地表示出自己对这个角色的喜爱。人的阴暗面被这本书揭示出来：你被人伤害了，你也伤害过别人。而这本书对你说：我懂你。

在《米德尔马契》中，英国作家乔治·艾略特讲述了多萝西亚·布鲁克的故事。多萝西亚·布鲁克很容易受人耻笑。她拥有有利条件，渴望济世，但实际上做到的寥寥可数。她亲手促成自己不愉快的婚姻生活，把大把时光用在悔恨自己的决定上。很明显，这些都是她咎由自取。她有大把的良机，但全都错失了。人们不愿意向他人承认这一面，但这确实是许多人都有过的经历。有时，我们觉得自己就像多萝西亚·布鲁克一样。乔治·艾略特并非在表明这样的经历多么让人跃跃欲试，而是在向读者证实：这是每个理智、善良的人都有可能遇到的情况。这不会将你推出正常人的范畴。

被人带着善意去理解当然是十分美好的，这会让我们收获幸福。但是，更重要的是，这种理解对我们是大有裨益的，因为，独自面对自身的困难会加重困难。我们害怕自己的困难只会受到理智之人的嘲讽和蔑视，我们被这种恐惧笼罩着。我们不敢让朋友分担痛苦，因为害怕朋友不理解我们并因此拒绝帮助我们。一本懂我们的书就像是善于理解的父母或朋友一样，能够接受我们的困苦。我们奇奇怪怪的难过或开心能够通过他人的怜悯与善意转变为不可或缺的人生体验。

三十四　为书中人物的去世悲泣

我们知道他们不是真实存在的。他们不曾真正活过，因此也不会真正死去。但是听闻他们在书中的离世，仍然使我们深受打击。如果是在足够私密的环境下读书——比如周日下午穿着睡袍，在丝丝阳光下倚靠在床头——我们也许会紧锁眉头，抖着上唇，紧闭双眼，然后呜呜地啜泣起来，任凭泪珠滑过脸颊。哭过后，我们感到深深的平静和舒畅。不像是现实世界中的死亡，我们不会悲伤地反复意识到那个可怕的现实：他们去世了。至少，往前翻几页，他们还活着，就像从没死去一样。但是，为何我们享受为他们的离世而放声大哭的过程呢？

在十九世纪后半叶英国作家安东尼·特罗洛普的"巴里塞"系列小说中，我们见证了主角格伦科拉·巴里塞在六本长篇系列小说中的成长。格伦科拉十分友善，她在饱经漫长婚姻的折磨后，终于学着去爱自己难以相处的丈夫。这个角色有趣、顽皮、和善。

但是在系列小说的最后一部里，只有四十多岁的她却病倒了。也许是心脏病，也许是癌症，作者并未详述。当时，她的子女正跌跌撞撞地走向成年，十分需要她的帮助。他们的父亲尽管深爱着子女，却身处远方，公务缠身。格伦科拉也曾是有点狂野的小姑娘，后来慢慢成长为一位理想的母亲。她永远不会忘记自己小时候曾因受冷漠而沮丧，这种经历不断提醒她要温柔对待自己的子女。她对子女温和、包容，尽可能地保护他们免受犯错的恶果所带来的影响。在她去世后，我们见证了这种美好品质的消逝。

书中的角色使我们想起什么才是自己急需以及欣赏的，这些真正美好的事物在生活里常常脆弱不堪，而生活里有很多更加凶猛的力量：母爱无法战胜癌症；温暖有趣的心灵被置于不堪一击的躯体中。我们为书中人物悲泣，部分原因是我们意识到自己是一种怪异的存在，不得不依附于短暂得令人害怕的事物中。一瞬间，认清实情的我们觉得有理由为自己感到遗憾。而且，令人痛苦的是，逝去的不仅仅是书中虚构的人，令我们恸哭的是他们身上受我们喜爱的品质常常在我们自己身上被亲手摧毁甚至"杀死"了。有时，我们表现得别扭、义愤、倔强。我们与书中人物身上美好的品质相矛盾、对它有二心。我们因此感到遗憾。

在托尔斯泰《战争与和平》的尾声部分，年轻的俄罗斯士兵彼佳·罗斯托夫战死沙场，读到这里，我们的心弦被触动了。在书中，彼佳和哥哥尼古拉、姐姐娜塔莎相比只是个不起眼的小角色。他死于一八一二年俄法战争将要结束时，那时莫斯科已被焚为一座空城，法国军队绝望地在肆虐的狂风暴雪中向西撤退，因为前方由几位正规军将领带领的哥萨克骑兵正紧追不舍。在这几位将领中，最年轻的中尉便是彼佳。他风华正茂，也许才十六岁，他的生命才刚刚开始。他迫切渴望加入军队，为国家效力。他直率、热忱、忠诚。在一个夜里，他困于狙击炮火之中，身受致命重伤。感人至深的是书中的另一个角色多洛霍夫。他一反平日野蛮粗俗的形象，试图掩护彼佳，他对年轻生命的消逝感到惊恐，在风雪里不住呜咽。将这个温柔的角色交给多洛霍夫表现出了托尔斯泰高超的艺术手法。因为这个通常无视他人疾苦的硬汉反映的正是我们的一种形象，是读者的形象。我们不如他高大威猛，但是我们常常以自己的方式，用他的冷漠包裹着自己。我们因此变得坚强，过滤掉许多情绪。我们的哭泣不仅仅是因为角色的离世，也是因为作者通过彼佳描绘的重要事实：生命消逝的随机性愚蠢得惹人痛哭。

在生活中遇到与此相去甚远（但情感相通）的离世时要如何面对，是我们在成长过程中一直要学习的。没有人是该死的，但每个人的生命都可能在转瞬间被终结。我们通过虚构的故事重新领悟到发人深省的事实，并以此恰当地重新创造出一种重要的欣赏方式。彼佳并不是个完美的人，他的父母、哥哥和姐姐常常被他惹怒，他不做作业，有点自我，还有一些笨主意。但是这些缺点在他被子弹夺走生命以后都成了蚁鼻之缺。死亡让我们重新思考何为重中之重，它改变了我们的评判标准。他的父母愿意用一切换回他的叛逆或傲慢，只要他能死而复生。

我们悲泣不仅仅是为书中人物的离世，也因为认识到一个悲伤的事实：我们只有在为时已晚时才发觉自己对他人的爱有多深。我们不得不痛苦地认清我们可能遗失的东西，还会认清自己的失败。我们一边啜泣着，一边在心里默默警醒自己，只要尚有机会，我们就应该在为时未晚时多多向这个在我们生活里一点也不完美的人表达自己的爱意。

在读到《奥德赛》这一古老故事中猎犬阿尔戈斯之死时，我们又一次落泪了。《奥德赛》讲述了尤利西斯逃出特洛伊人的围攻回到自己混乱的家乡伊萨卡岛的长途跋涉。尤利西斯本是伊萨卡小岛上的国王，漂泊二十年后归来时，打扮得酷似一个老态龙钟的乞讨者。几乎所有人都以为他早就死了，没有人为他举行热闹的欢迎仪式，他形单影只，自己的家被傲慢粗俗的人抢占了，妻子和国土也将被他人据为己有。但是，在这残酷的时刻，在他不得不面对各种问题的时刻，美好的事情发生了。老猎犬阿尔戈斯走了过来。它已经病痛缠身，皮毛上还生了虱子。它一直在期盼主人的归来，现在，阿尔戈斯认出了他，强烈的爱意和愉快使它有力气站起来迎接主人。但是，这耗尽了它最后一口气，成了它临终前的壮举。随即，它便与世长辞了。

《奥德赛》第十七卷中这样写道："阿尔戈斯穿过死亡的黑暗，实现了自己的信仰使命，又见了主人一面。"

阿尔戈斯之死感人至深的原因在于我们通过它联想起自己曾经的苦难。我们已经遗失了许多对我们而言至关重要的东西：童真无邪、结束的感情、信任、被打击的自信心。像阿尔戈斯一样，我们也期待这些可以失而复得。我们在阿尔戈斯的命运中听到这些事物的回响。但我们与阿尔戈斯之间关键的差异是，阿尔戈斯所爱的回来了，我们所爱的却永远不会再现。我们正是为了自己而哭泣。

流下眼泪是一种幸福。因为我们知道自己正在做出正确的回应，我们正在体会自己对假想情况所做出的温暖、强烈的慷慨之举。我们哭泣，是因为在极度混乱且时而艰难的生活里，我们本有充分的理由认为自己十分不堪，而我们突然之间意识到原来自己也有产生纯粹善良的能力，这是一种非同凡响、真情实意的能力，而它常常被隐藏起来。

三十五　忙碌一天后舒心的疲惫

现在是晚上九点四十五分。大晚上的，你又多了一件事做——晚餐是在书桌前吃的烤三明治，有些面包碎屑掉进了键盘缝隙里，清理起来还挺困难。但是现在你清理完了，进展还算顺利。很可能明天早上又会是一样的景象，不过现在已经解决掉了大麻烦，再清理起来就没这么乱了。

你感到筋疲力尽。刚才一口气撑着弄完了，现在倒开心刚刚坚持住了。背微微地疼，你打着哈欠，左右扭动脖子，舒展身体，笨手笨脚地想在左肩胛骨下面一点的地方揉按一会。再过一会你就要上床休息了，只是现在还不到时候。延长这种充实的感觉让人舒心。在家里悠闲地走来走去，倒上一杯茶，或者听着红酒从瓶子里汩汩地流向玻璃杯，这感觉美妙极了。也许你的目光会轻轻扫过报纸。

你无法再专注地做事了，因为你的大脑经过一天的疲惫，已经不想再费力思考了。

充实一天后获得的幸福感与意志力有关。休息充满着诱惑，你本可以把事情留给明天（这是你之前的常态）；本会分神（这种场景简直太过熟悉了）；本会身处书桌前，但心思游荡到纽约的琼楼玉宇之中或者思考电视名人此刻打算做什么。但是你没有。你专注于重要的事情。

幸福感还与掌控力有关。我们原本对这些任务有点恐惧，但是我们掌控住了这些棘手的任务，降服了它们。我们有时觉得自己无能为力，事情太过复杂，根本无力解决。有太多事情需要我们同时顾及、正确处理，大量的细节要排列成明了有序的状态，而我们却根本不懂这究竟是何种状态。回复难缠的邮件要委婉但坚定；拒绝时不能伤人；批评要直接明确；想法最终要成为提案，而难点在于，那些乍看之下很好的主意在细想过后往往不再吸引人，而且还会带来某些麻烦，我们只能……只能怎么做？也许，你只能再写一份报告，瑟瑟缩缩地一点一点拆解已经完成的工作，然后又一次发现老问题。我们一直在与分化瓦解的力量抗争，一度零散、混乱的事物被我们聚集、融合、规整、阐释。我们做了件了不起的事，我们抵挡住了混乱的大潮。

漫长且充实的一天带给我们的幸福感暗示着更深刻的内涵。它不仅仅与我们当下解决的事情有关，它还是一种承诺，向我们保证其他问题也会迎刃而解。我们意识到自己有能力处理困难，不断迎难而上直至情况受我们掌控。我们在自己身上看到了解决拖延的良药。我们自然而然地担心自己被事务缠身，我们知道自己总会留下烂摊子。然而此刻，我们看到了其他可能。我们能够鼓励自己专心致志、不断努力；我们能够在困难面前坚持下去，拒绝休息、分神的诱惑。我们感觉自己像个小英雄，而这种感觉十分美好。

常常，我们会因为精疲力竭而放弃，我们体力不支，大脑混乱得像有一团糨糊，无法处理任何重大的项目。尽管问题悬而未决，我们的身心已极度疲惫。但是此刻，我们的劳累是光荣的、有价值的。我们不仅不因此恼火，还感到这是辛苦工作后幸福的馈赠。它让我们今夜得以好眠。

三十六　父母的老照片

照片里，母亲穿着泳衣站在沙滩上，开怀大笑，十分骄傲地看着什么。你认不出站在她身边的小男孩是谁，可能是肯尼思舅舅？照片里的母亲七八岁的模样（肯定要比整岁再多个半岁，因为她出生在十二月份的冬季，并且在二十三岁去布里斯班任教一年之前从未去过南半球）。你试着找出照片是哪一年拍的。会不会在她和小舅舅堆着沙堡（他们现在仍喜欢这么玩）和朋友泼水嬉戏的同时，在世界另一边的巴黎街头，五月风暴[1]正风起云涌，示威的学生正愤怒地向警察投掷石块？或者美国宇航局的科学家正争分夺秒地解决助推火箭的问题，并在那年秋天首次成功登月（那场直播是家人允许她熬夜看的）？如果穿越时

---

[1]　五月风暴指一九六八年五月到六月在法国爆发的一场学生罢课、工人罢工的群众运动。

空，到那个夏日海边去体验那时的生活，而不是作为历史去了解，你会作何感受？

另一张照片里，父亲瘦得看起来不像他，不过肩背还是像现在一样弓着。他坐在一个酒吧外面，看起来像在威尼斯，一头栗色的头发乱糟糟的。看来，就算头发还很浓密，他也不梳理。这是谁帮他照的呢？虽然现在你已经没那么喜欢和父亲聊天了，你还是想找时间问问他。肯定又过了好几年父亲才认识母亲，因为在他们的婚纱照上，他已经发福了，发际线也往后移了。那会他还在上学吗？是跟别人一起出去玩吗？你记得母亲曾提过一个名叫桑德拉的女人，父亲当时只说了一句"我根本不知道她现在怎样了"，就默不作声了。不过他常常沉默寡言，很难得知那到底是不是件大事。但是，在照片里，父亲看起来是那么热情、专注，似乎想要说些俏皮话。

从某种意义上说，父母是我们在这个世上最熟悉的人。他们陪伴了我们很长时间，我们和父母一起进餐的次数比最好的朋友都要多。我们十分了解父母，像父母一样被我们了解的朋友可谓屈指可数。我们见过父母早上七点钟穿着睡衣的模样，见过他们的焦虑不安以及偶尔的大发雷霆，我们被他们温柔地抱在臂弯里，我们见过他们的内衣抽屉和脚指甲，我们像专家一样点评他们搭帐篷、做芝士通心粉的技艺。

但是看着这些照片时，我们发现自己根本不了解其他时候的父母。变成父母那样的人感觉如何？如果遇到和自己年龄相当时的父母，你还会喜欢他们吗？你会感到你们之间奇妙的亲缘关系吗？到了今天，他们在朋友面前又是什么样的？他们身上还有什么我们没有充分见识到的性格？

其实，幸福感源于爱的增长。父母身上无可避免地存在很多让我们厌恶的地方，成长过程中我们也总会在某些方面对父母感到失望。这不能全怪父母，尤其是他们其实已经尽力扮演好父母这个角色了。然而，随着我们的成长，他们渐渐"不配"得到我们曾经怀有的仰慕和热爱了。父母在六岁的我们看来高大、睿智、幽默、慷慨，但随着时间流逝，他们逐渐变得易怒、懒散、多事，他们喜欢做的事在我们看来莫名其妙，他们让我们丢脸，一点点小问题就会难倒他们，而且在关键时刻他们有各种方法让我们难堪。但这些完全是无意的。

照片让我们认识到我们还小时完全无法理解的事实：父母的生活并非只围绕我们。他们并非把自己的全部生命都花在我们身上。照片中的他们对未来会发生的事全然不知。抚养你长大的人是一个淘气、带着坏笑的小姑娘和一个害羞的小伙子，而不是完美、成熟、会莫名其妙做错要紧事的大人。通过这些照片，我们对这两位恰好给予我们生命的陌生的好人更加包容、随和。哪怕只是片刻。

你也会有于你而言意义非凡的照片，曾经的每一点、每一滴都通过照片被唤醒，变得鲜活起来。也许，有一天你的子女也会带着同样的温情与好奇看着你的照片。也许，这回会换他们好奇父母年轻的时候是什么样子，到了这把年岁，真实的父母又是什么样子。

三十七　深夜低语

　　尽管相隔仅几英寸，你却看不清对方的鼻子。黑暗并没有将你们拉远，反而拉近了你们的距离。理论上讲，这不应有什么要紧的。就更广阔的世界而言，就算在灯火通明的厨房里，我们一样会感到不受尘世所扰。但是，灭掉灯火却能抚慰我们心中最原始的焦虑：如果我们能看到他人，他人也会看到我们。这也是为何低语在我们看来是必不可少的：它增强了不受打扰的氛围。

　　古希腊哲学家第欧根尼住在雅典大街上一只废弃的酒桶里，他认为，能在私底下做的事也应勇敢地展现在公众场合（自慰是他在思想论域中最喜爱的话题之一）。他确实说出了一定的道理，但也忽略了重要的事实：深度的隐私是一种真正的解放。我们总向这个世界展现出自己克制、成熟、理智的一面，这样做确实极好。但是，实际上我们并没有展示出全部的自己。而这就使深夜的低语在我们生命里占据了特殊的地位。低语时，我们完全得到了独处时的解脱，却又不是孤单一人。

黑夜还是一个重要的节点，此刻与一天中的其他时刻不再有联系。白日里的事务在夜里都不再与你有关了，哪怕只是片刻。我们的情绪和想法容易被外界左右，实难摆脱。我们需要明显的外部暗示。在黑夜中，其他感觉都涌现出来，每个细微的响动都更加清晰。此刻，看似平静，实则暗流涌动。

有时你用宠物的名字称呼自己：丽丽、贝贝、闪闪、臭臭。如果有人在大白天这么叫你，会听起来很傻，但是此刻，这些昵称帮助我们巧妙地、暂时地隐藏起平日里的自己，使我们身上关键的部分得以闪光。丽丽并没有在寻觅金融行业的工作，臭臭并不热衷于逻辑推理，贝贝并不在乎轮到谁码碗筷了，臭臭不知道按揭为何物。很可能世上没有一个人知道你用这种代号称呼自己，代号将你与旁人区分开，画出（此刻）属于我们自己的范畴，那是与"他们"与众不同的范畴。尽管没有任何人可以偷听你说了什么，夜晚的低语还是会自然而然地让你感到自己在分享一个深埋于心的秘密。

你觉得很有趣，因为自己说了平常要注意的傻话，情不自禁想要窃喜一番。此刻你能向别人表达爱意，在其他时候说这些话常常不太容易。我们心中那个实在、负责、野心勃勃、焦虑不安的自我对这些话越发难以启齿，稍有一点刺激和不同的看法，爱意便欲言又止了（因为向他人倾诉衷肠会冒着收不到他人足够温暖的风险）。处于情感脆弱的状态让人深感棘手。但此刻一切都不同了，那些复杂的因素在这一刻都不重要了，你能够大胆、温柔地敞开心扉。

你还找回了童年的自己。小时候，你总喜欢钻到床底探险，妈妈陪着你一起，假装不知道床底放了些什么。她会轻轻拍打你的背，好奇地问出声："那一大块是什么呀？会是枕头吗？不不不，比枕头硬一些（可能重重地拍了一下它）。我希望这可不是从动物园里逃出来的鳄鱼。"你差不多就信了妈妈所说的话，但其实她心里想的是床需要修补了或者怕你兴奋得睡不着。你又有了个主意，想要整个人倒立着睡觉，但是在保持了大约一分钟以后，你就发现这样并不舒服。

还有些时候，你会把被子拉过头顶，外界的一切就好像不再存在了，你会想象自己住在因纽特人的冰屋里，或者把自己想成一只河狸宝宝，安全地住在池塘中的小水坝里，还会把自己想象成住在壳里的蜗牛，或是佩剑的海盗，放肆残酷地笑着，身边有好些被绑着的俘虏。

如果亲戚家的孩子来家里留宿，刷过牙之后，你们常常穿着睡衣一起躲在被子里，四个人紧紧挤在一张床上，然后等大人进来赶你们时，才回到自己的床上。其中有一次，表姐告诉你某句脏话究竟是什么意思，但其实她自己也没弄明白。

你碰到了对方的髋骨或腿，脚趾相抵着，虽然一会可能会以此挑逗对方，但是此刻意不在此。此间有其他的幸福，这种幸福少了一分高歌猛进之感，却在此刻真真实实地被我们感知着。

三十八　柏树

　　你并不常欣赏树木，对柏树的关注也不过是偶尔有之，但一旦沉下心来观赏，你便会喜欢上这种感觉。姨妈家有一棵柏树，不过她几年前就已经搬家了。你模糊地记得电影里有一幕场景很美，那是在地中海（可能是马耳他？）的一个山坡上，山上种了几棵柏树。这一幕就这样奇怪地印刻在你的脑海里，好几年过去依然念念不忘。还有一次，你住的酒店前有一块空地，柏树种在石头建成的大树池中，排成一列。你一直喜欢柏树，只是不曾过多留意。

　　柏树是一种独特的存在。笔柏或其他常青的柏树不露锋芒，有时你可能会觉得它们有些害羞，有时又觉得它们冷清孤傲。柏树喜静，黑色的枝干透着一层静默，在墓园中适得其所。每一条枝叶都向上伸展，顶处参差不齐。一

旦仔细观察，你就会发现自己很难分辨出每棵树的枝条以及每棵树各自不规整的形状。从远处看，一丛柏树参天而立，从地平线直耸向澄澈的蓝天，这场景煞是好看。

观赏一棵柏树所带来的幸福感不仅与它好看的外形有关，还在于一种认同。人们感觉到，尽管会遇到各种各样的苦难，柏树教会了我们坚韧不拔，在这方面，它是一个鲜活的范例。

柏树存在了很长一段岁月。一棵老树很可能自第三等级[1]的人们宣誓网球场誓言之时便存于世间了[2]，也许还在不经意间推动了法国革命进程。它可能熬过了一七〇八至一七〇九年间的"冷冬"[3]，那可能是它漫长生命中最糟糕的一段时间。随着树皮越发苍劲，它又走过了佛罗伦萨银行家资助的文艺复兴。

我们见到的另一棵柏树可能还有几百年的生长时间。

---

[1] 中世纪时期，法国人民被分为教士、贵族以及民众三个等级，第三等级即平民阶级。

[2] 网球场誓言是指法国第三等级代表聚集于凡尔赛宫室内网球场，并鼓动一部分代表下级僧侣和前进派贵族参与的宣言，是法国革命形势继续向前发展的标志性事件。

[3] 冷冬指一七〇八年末至一七〇九年间，欧洲五百年一遇的极寒天气。

等我们以后在养老院玩拼图时，它依然长得很好，当南极洲兴建起城市、当第一对人造机器人举办婚礼、当火星开始自治时，它仍屹立不倒。

一棵树无法躲避或选择自己的生存环境，它不会移动，只会待在自己被种下的地方，或是种子恰巧落到的那个裂口中。我们自然是希望能够改变自身的环境，但有时不得不忍受这些苦难。这样的环境不是为了让我们变得弱小、可怜，而是天将降大任于我们。或者，我们还会遇到诸如摔断了腿、经济下滑、垂垂老矣等让我们无能为力的情况。只要我们坚持住，就会像柏树一样，不言放弃，继续向前。柏树如此强韧，饱经风霜、历经沧桑。

即使在严酷的环境中，它们也设法做到长势喜人。如在那多石的干旱沙坡上，狂风呼啸，阳光猛烈。但它们设法从泥土中汲取充足的水分，抵挡住炎炎烈日的炙烤，在焦枯的大地上浴火重生。它们一年四季常青不败，外界的变化不会干扰它坚定的内心。它们的生长速度十分缓慢，但从不停止，它们的成熟需要年深日久的磨砺。

试想一下，用几周时间踏上一段小小的朝圣之旅，参观一棵柏树，体悟其中的智慧。或者，把柏树的照片精心摆放在厨房、浴室门边等你激励自己、给自己打气的地方，也不失为一个明智之举。在失去柏树信念支撑的沮丧时刻，你总习惯性地冲别人抱怨，此时你最需要的就是柏树所具备的坚韧不拔。一瞥照片，柏树身上凝聚的力量就传递给了你。

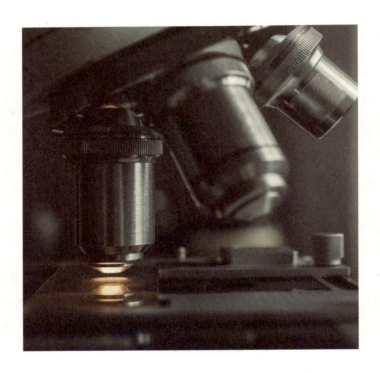

三十九　科技新发现

即使你没有天天关注科技世界，在读到纯粹有关科研突破的新闻时，你也会被吸引——哪怕你对报道的细节一窍不通：天文学家在礁湖星云上探测到一团尘埃云；鱼脑的神经网络研究已取得进展；一种特殊的亚原子粒子被证实存在；科学家发现，在极低温度下，化学元素发生反应的距离比室温下远得多。

刊登在这些科技突破旁边的还是常规的新闻报道：某政党的政策顾问意外地将自己的裸照发送给了敌对党派的领导人；苏格兰某湖中发现一具严重腐败的尸体；德国经济并未如期发展；俄亥俄州的一位女士拥有全世界最多的伞。平常的事都照常发生着。可能是在报纸不起眼的位置上，人们默默看到了星际尘埃以及鲤鱼和鲱鱼神经研究进展的相关报道。

我们也许对这些发现的特殊意义一知半解，也想不出什么可能的实际应用。但是，看到这样的报道仍会给我们带来一种独特的幸福感，它来自一种强烈却朦胧的想法：进步。

新闻报道的是在广阔、漫长的进程中我们所走出的最近的、微小的一步。从把雷鸣看作天神的怒吼到认识到这是云层放电导致空气急速热爆炸而产生的声音，从把心脏视作产生情感的器官到认识到心脏不过是像水泵一样负责血液的输送，从感觉自然是一团黑暗的迷雾到认识到只要我们恰当观察，万事都能被解释明白，人类的进步一直都是一点一滴积攒起来的。这些微小的科技报道，能够让我们联系起人类不断探索、破除迷信、用真理战胜谬误的宏大愿景。

这些新闻报道中的一些话语感人至深："在明尼苏达州的一所实验室中……""埃米利乌斯教授及她的团队……""来自超过百所大学的研究者共同……"。这些话语背后隐含的是，敬业、谨慎的科研人员花费数年齐心协力促进了这些发现的诞生。这些发现不是全凭运气、随机得来的，而是人们精心计划的，需要大量精密的仪器、复杂的计算、符合逻辑的假说以及系统的实验，还需要解决专业问题的脑力。我们不仅仅是对人类智慧的增长感到开心，也因科研人员背后包含的有组织的努力而感慨欢喜。我们诧异于科研人员众志成城的努力、决策性的耐心以及用智慧一点一点成功消除迷雾的辛勤。

也许，我们并不真正在意鱼是如何处理图像信息的，也不在意在零下二百七十摄氏度的环境下钡会发生什么。但是科技进步的新闻报道仍会带给我们幸福，这是因为它让我们知道，在人类生活的其他领域发生了这样精心筹划的进步。我们会幸福地幻想着，如果这样的努力被用在与我们生活重心很接近的事物上会产生怎样的效果。看到一亿欧元、两千名研究人员的人力和瑞士某村庄的一大块场地被用于研究原子内部的裂变，我们便想象着，如果同等规模的人力物力用于打理我们的人际关系，会是怎样的景象。其合力之强大应当就像仔细决定的研究队伍一样，各人有自己的细小分工（这几个人专门负责周日晚上的社交、这几个人专门负责与夫妻打交道以及打理财政、这几个人专门负责解决性的问题）。每个人的努力都不会白费，因为他们都是这个广阔的、精心设计的项目中的一员。就在几百年前，我们还对物理一无所知，想要理解它根本是想都不敢想的事。但是现在，大部分问题都已经解决了。其他领域也是如此。

在耗时长达数年的大规模实验里，小小的细节（如嘴唇的弧度、愤怒的目光、恐惧所需的条件、杏仁核的活动）就需要成千上万受过高级训练的专业人员的努力。在一段时间内，发现的成果显得十分抽象，只有理论价值。但是，它们会渐渐解开我们的困惑，而且研究所得终有一天能用于设计解决矛盾的厨房空间以及对潜在伴侣的高精确测评工具，简化过的成果还能被写进彩色的教科书中，吸引大批活泼可爱的七岁幼儿的注意。

四十　感到某人大错特错

我们常常在寻求一致。能有人完全认同我们的说法是很美好的体验，尤其是当我们原以为会遭其反对之时。

然而，当有人不仅仅是说话不在状态、提出了你恰好不同意的有趣想法，或是说出的话不是有点不真实，而是真的说错了时，我们会有种别样的满足感。吃着饭、听着汽车广播时都会遇上这样错得一无是处、谬误百出、显而易见的人。

这种情况会发生在政治历史上的矛盾点或现代生活的关键问题上：有人说撒切尔夫人是二十世纪英国最佳的领导者，也有人说她是最差的；有人说全球变暖是左翼科学家编造的阴谋，也有人说过不了多久船只就会停泊在中央公园；有人说一九四五年以后的建筑都丑陋不堪，也有人说我们生活在建筑的黄金时代；有人说资本主义让当今

世界濒临崩溃，也有人说这是史上最成功的经济体系。就在刚刚，事实的真相已经不重要了，我们看到他们大错特错，这足以令我们兴奋。我们感觉自己的看法完美无缺，而他们一无可取。

我们不禁想说，有这样的言论存在真是令人难以置信。但是在这种想法的背后（我们甚至意识不到这种想法的产生），我们一直期待着有人说出这种傻话。我们将傻话看得荒诞不稽，因此在脑中被偷偷逗乐。也许，我们都已经在脑海里构想出究竟是什么样可笑的人才会说出这种话。

我们从中获得的一部分幸福来自我们通过和自己的智慧对比而产生的欣慰之感。听着别人的愚蠢言辞，智慧的能量会盘绕周身，让人振奋。经常，我们也不知道自己在想些什么，在很多话题中我们都会看清自己的无知，我们每天都挣扎着弄明白我们不了解的事物。但是，此刻，他们的错误观点愉快地勾起了我们的知识储备，显得我们有些才华。

世界因此开始分化：一部分是（像你一样）正确的

人，一部分是（像他们一样）处在混沌中的人。我们常常纠结于细微的差别和模棱两可的解释，常常不得不认同这样一个观点：换个角度看也能有点道理。但是此刻，这样的分化终结了。我们正感受着一个更简单、更清晰的世界所带给我们的满足感。

这种幸福感还与个人经历有关。几年前，生命里一个对你留下很深阴影的人也持有此观点，这个人可以是你的父母、冷漠的老师、专横的大学同学，他们也曾滔滔不绝地讲着类似的话，那时你虽然觉得他们荒谬不堪，却无法在他们的自信气焰下坚持自己的立场。但是，现在你能够做到了。

你并不恼火，你的心里已不再有任何恐惧、愤怒和憎恨。而是有一种愉悦，因为再次遇见这种荒谬的想法时，你已经足够强大，有足够的本领与之完美抗衡。过去的恐惧都已退到身后，现在，你能与之对抗，且能力更甚了。你达成了一度渴望的目标。

还有一种特别的幸福感，来自当此人提到的错误看法，你过去也曾深信不疑时。你曾和他们一样，但是阅历、经验、不断丰富的信息以及更清晰的思维，让你确信此前的想法大错特错，而显然对方没能像你一样迈出这关键的一步。

在这种时刻，我们强烈地感到自己在认知上的进步（就像吃力学习乘法口诀的小孩会对还不懂七之后是什么数字的弟弟妹妹感到同情一样）。我们激动地把自身情况与启蒙运动的要旨作比，即知识和理性可以将全人类带向真理。所有的分歧都是误解，教育总会战胜错误。理想中，我们不该试图纠正此人，或者对其错误的思想嗤之以鼻，也不该对他们不经意间带给我们的欢乐感到感激。

并且，还有一个令人痛心的事实是，我们不得不承认自己也不可避免地会时不时为他人带来这种幸福感，我们珍视的信念或偶尔错误的断言会将他们的想法衬托得完美无缺，对他们而言，我们才是那个理想的、十足的傻瓜。

四十一　老友的取笑

友谊的特殊象征是朋友们知道可以取笑你。即使他们的取笑有一点点伤人，你还是喜欢他们这么做。他们会给你发一张大猩猩的图片，看起来有点像你受够了什么东西时的模样；如果要跟你搭乘同一班飞机，他们会建议提前五个小时到达（甚至前一晚就到），因为他们知道你总是害怕赶不上；他们会偷偷数你说口头禅的次数，然后一个小时之后突然恭喜你刚刚只说了二十三次"事实上"；他们还喜欢调皮地让你回忆起以前做过的傻事，比如，有一年夏天你十分肯定自己以后打算移居到挪威的一间小屋里自己种蔬菜吃（不过最终你还是选择了在一家办公用品公司做营销工作，从当地的超市里买土豆等蔬菜）。

老友尽力通过取笑的方式为提出真正困难的问题创造友好的氛围。你确实又像平时一样多喝了一杯红酒；确实倾向于在一系列稀奇古怪的问题上咆哮，如日本美学、滑雪、中国的未来或是炒鸡蛋的正确方法。朋友知道究竟该如何激发你的斗志，他们采用取笑的形式，柔和而行之有效地教导你面对自己扭曲的执着，他们会在你即将想通时开始取笑你，然后你就能在他们面前显摆自己在这些事上的无上智慧。

关键的一点是，这些取笑你的是你深交多年的朋友，多年来，他们一直在你身边，一直喜爱着你。"他们知道我所有的缺点，但是仍然喜欢我。"这听起像是小事一桩，但十分美好，也十分珍贵。

因此，我们常常无法理解逆耳的忠言，把它当作一种批评，认为这是用来反对我们的，是让我们无人爱的原因。我们想要尽一切可能对它关上心门，把对自己的失望、沮丧迁移到提出这个逆耳忠言的人身上。这是生活中的关键问题：我们拒绝难懂但重要的知识，仅仅因为它是以错误的方式包装着的。而老友用和善与嬉闹包装他们的认知，有了这层取笑的伪装，我们便能承认原本听着感到被鄙夷、感到沮丧而坚决拒绝接受的事情。

老友的取笑之所以能取得成效，在于他们知道你不会因此倒下。老友会伤害你，也知道如何深深打击你，但是他们绝不会这么做。他们不会直言不讳地指责你对前任有多么糟糕（尽管你现在意识到自己过去确实如此），也不会指责你搞砸了自己的事业（而你自己却对此事难以忘怀）。取笑中带着无尽的善意，似柔软的毛茸脚爪一样轻触着我们。朋友的取笑让我们感到自己被理解，同时又被喜爱着。

我们常常不敢渴望人们在了解真实的自己后还能喜爱我们，常常感觉似乎我们要么只能极力展现自己美好的一面而把不好的特征掩藏起来以换取他人的善意，要么只能以被指责为代价，让他人了解真实的我们。我们认为如果他人知道了我们的阴暗面，就不会喜欢我们了。但取笑我们的老朋友却能极好地将二者相结合——他们了解真实的我们，却仍爱着我们。

不仅如此，其中核心的部分是我们会投以无言的回报，这种幸福感不是只有单方面的，你知道如何反击，如何取笑他们，让他们也收获这样的幸福。

四十二　大吵一架

当时吵得不可开交。尽管你是被逼无奈，但确实说了些难听的话。你甩门而去，他们在你身后大吼大叫。你为他们，也为自己感到愤怒。虽然确信是对方的错，你却同样感到羞愧。你想要他们理解你的看法，执着冷漠地坚决不让步。凭什么要你道歉，他们才应该说对不起。要是你道了歉，他们只会觉得自己才是对的，但他们并不是。也许这就是结局了，也许我们无法再和平相处了。我们一直认为一段理想的感情应当建立在和谐之上，而争执揭示出这段感情里的裂痕以及相互之间的敌意。但是冷静过后，你心里却生出一丝微微的幸福感。

其中的一种幸福感是认识到你只能对亲近的人讲这样尖刻的话。会以这样可怕的方式对待自己的伴侣是种奇怪但真实的爱。一段感情必须能容纳那个更疯狂、更不讲理的自己。如果我会对你大发雷霆，那是因为你给了我足够的安全感去这么做。我从不会在办公室里这样甩门而去，也不会当着同事的面辱骂他们是混蛋，这不是因为我爱他们更甚，而是因为与他们的关系是包裹在重重的压抑与恐惧之中的，我可能会丢了工作、会在办公室里被排挤。奇怪的是，我在你身边时总是耍脾气、使性子，这是因为你能够让我心安理得地这般放肆，在你面前，我可以放下戒心，安心地把有着各种毛病的自己呈现给你。有时，一对新人才刚刚互相宣誓，公开表明无论贫穷富贵都愿与对方携手一生，然后就吵得热火朝天，恶语伤人。我们本能地会把结婚想成一件错得离谱的事。但离奇的是，解释我们不安焦虑的深层原因却很暖心。

还有一种幸福感来自打开天窗说亮话。原本在暗处溃烂的问题被提起（诚然，用的是十分尖刻的语气），这原本会激起情绪上的极大波动，但是，此刻它们就这样被提出来了，供我们公开讨论，甚至还可能用更理性、更慎重的方式来看待。最后，恰当地面对麻烦会让我们如释重负。

有时，争执是达到更深层的和睦之前的那一段动荡。

能够向对方倾诉这些难以启齿的、痛苦伤人的话题，其实对双方来说都至关重要。通过对矛盾的片刻关注，你不经意间就创造了回忆过往亲密时刻的条件。你记起来，对方在其他方面仍是深得你心的，和他们的争执只不过是小小的一部分而已。

也许，还有一部分微小的幸福来自原谅以及被对方原谅。原谅并非简单的遗忘，所言所为都历历在目，只不过带着更宽容、更温柔、不再恐惧的心态来看待。原谅是出于认识到对方不当举动背后存在的压力、担忧与恐惧。他们对你说重话的原因几乎不在你身上，而是其他外在的原因让他们嘶声大喊、厉声怒骂、目光冰冷、一脸厌恶，很可能在认识你之前，这些外在的原因就已经存在了，而你仅仅是倒霉地成了被他们的霹雳怒火击中的避雷针。我们喜欢原谅，因为原谅意味着我们更好地理解了对方如此焦躁的原因，并且，当我们理解了原因后，就会感到对方的怒火似乎并非仅仅针对我们。同样，被人原谅的美好之处就在于它意味着自己存在的问题得到了他人的理解。通过原谅，我们互相倾诉：我知道你曾经多不容易，所以你会有这样的举动，我并不会太过恼火。

格外激烈的争吵可以显现一些难以调和的问题。比如，你本以为你们能够合营一家公司，但是一次又一次争执到头破血流后，你终于意识到这行不通；过去你总是在周末去对方父母家中做客，但是这导致了巨大的矛盾；对另一半而言十分重要的房事却无法取悦到你。

大吵一架意味着你会逐渐认识到自己解决了此前无法直面的问题，心中会默默带着幸福感。在某些特定的方面，我们可能不会再像从前一样，以夫妻的方式去面对。这虽然不是我们理想中的局面，但我们都会好起来的。关系是不断变化的。从此刻起，也许我们不会再一起逛超市，不会再出现在对方的家庭聚会上——尽管对方的亲戚会觉得奇怪，但我们会应付自如的。我们将会调整共同生活的边界。

在与他人亲密共处时，在需要复杂的相互理解时，矛盾往往无法避免。但是此刻，在争执过后，我们的心态十分平稳，这种状态很妥当——至少在下次吵得不可开交前，我们的状态会一直保持稳定。

四十三　规划理想生活

面前铺开一大张白纸，规划未来独属于你的某天或某周的理想生活，是种幸福的享受。规划理想的生活并不是让你幻想出一份情人名册，或是想出让管家送上鸡尾酒的最佳时刻，而是立足于现实生活，试图把现有的事情安排好。

幸福产生的来源是因为我们感到日子正似曾相识地变糟。我们陷入恐慌，因为在接下来的五分钟里，你有四件事情亟待解决，你必须冲个澡、从干洗机里拾起几件衣物、上网付三笔账单、写完一份工作报告。时间悄然流逝，而我们并没有明智地加以利用。通过制订理想的生活计划，我们希望自己发现，只要学会明智利用，时间其实一直都很充裕。

清晰地了解自己每日重复的要事，并以天或周为单

位，为每件事安排一个固定的完成频率，这样一来，原本令你晕头转向的混乱繁杂就会变成一套规律性的重复动作。你可以从日常琐事安排起，比如何时起床、睡觉、看新闻、吃晚餐、做运动。

然而，最吸引人的部分应当是为原本不包含在必做清单里的事情腾出时间。列几个奇怪的例子，比如在上午十点三十五分打个盹儿；在下午三点想想你讨厌的人，并花两分钟时间想象自己成了他们会怎样；在傍晚六点五十五分看一张骷髅的图片，想想自己终有这天。在理想的安排表中，一些特别的时段被闲置出来，用于完成通常不会被安排在计划表里的事情，比如凝视窗外或是吃个油桃。有人也许还会安排一个特别的"马可·奥勒留"时刻，听从这位清心寡欲的罗马帝王的建议，一边刷牙一边在脑海里思考你要感激的人，并回忆他们给予你的善意。

我们还可以为一周或是一个月中的特殊场合做安排。每周二的深夜十一点四十五分去散个步，追忆童年，想想十二岁你转学那年的这一周在做什么，长什么样，关心什么，有什么棘手的事情、顺利的事情。还可以把时间扩展一下，从十三到十五岁的青春期中选取两周时间，细细回忆。

若把这些活动写进日程表，无论哪项听起来都有些奇怪，但这并不是因为它们无关紧要或不值得花费脑力，而是不幸地因为人们还未充分理解或承认它们对合理生活的贡献。

一个关键的问题是：我们在一件事上应当投入多少时间？有些复杂的任务被分解为一个个细小的部分后便不再棘手了。如果一下子缴清全部的账单太过痛苦，你可以一份一份地解决，比如上网付两笔账单（用时十一分钟）之后吃几块咸饼干和一小块瑞士奶酪。我们幻想着从拖延症中解脱。同样，合理的规划还能够帮助我们不对喜欢的事情生腻。计划上是这样写的：下午两点十五分，读报纸或浏览网页新闻，但必须在两点半开始洗衣服或者着手写公司的招聘战略总结。跟踪时事热点是有趣的，但若在这上面花费了五十六分钟你就会开始觉得自己在浪费时间，而规划能使你避免此类消极情绪。

有些事情在理想中应被给予充足的时间，却常常被我们挤在短短的错误时段里。比如，和另一半有关垃圾桶的争论可能需要两个小时（而不是两分钟），无论你们彼此有多么恼火，都要找出究竟是哪里出了错，这一点十分重要。而且要揪出错误根源不是流于表面这么简单，这不仅仅是决定要做什么，而是要在做出决定前对症结所在解释一番，并对你们各自隐藏的态度进行一番仔细探究。

制订生活计划向我们做出的诱人允诺是：计划中的许多事最后会成为我们的习惯。你不必下定决心、调用特殊的意志力才能依照计划行事，经过一段时间的熟悉后，这些安排中的事项会变成半自动化的行为。日复一日地，你便不用总是激励、烦扰自己按计划行事了。

思考理想中的生活所带来的幸福感与浪漫主义的看法相悖，浪漫主义认为所有被组织、被规定、被反复的事情是无法带来愉悦的。浪漫主义喜欢将享受与意外的、一时冲动的以及随机发生的事物联系起来。诚然，有些时候，愉快和有趣是自发出现、不期而至的，但是浪漫主义却催生了对可预见的、计划中的愉悦的消极态度，轻视了人们精心安排的生活。但此刻，我们想起了另外一种虽然少有人认同，但也确实存在的乐趣，即用彩色记号笔精心设计一份时间表，用它规划、整理出一幅幸福的生活愿景。

你无须执着于每一个小细节，也许明天就会做出修改，或者只会把其中几项付诸实践。但是，规划理想生活这个想法本身就已经在帮助我们更好地了解如何才能成为一个更出色、更有序、更高效、更平和的自己。

四十四　多疑同事的信任

　　你刚换了份新工作，有位同事让你的日子很难熬，或者你的项目组里来了位新人，又或者你正向没共事过的人汇报工作。诚然，他们并没有公开表明自己的敌意，也没有对你不礼貌，但你就是能感到他们的不信任。他们的行为举止有些冷漠；他们不大关注你在会议上的汇报；他们发给你的邮件有些敷衍；如果不是必要，他们绝不会征求你的意见。有一次，你看见他们在走廊里放声大笑，你脑中飘过一个想法：他们在嘲笑你。

　　但是现在，他们的微笑是真诚的了。他们对你如何看待事情十分感兴趣；他们喜欢有你在身边的感觉；承受压力时，他们会寻求你的帮助。

　　你曾在心里为他们勾画的令人生畏的形象瓦解了，这是好事。如果他们继续保持原先的举动，你会觉得他们严

酷、冷漠。但是最近，他们会突然说起打算搬家，并且告诉你自己对园艺很感兴趣，想要建一个菜圃。几天前，他们还因为误判了和供货商的关系而向你倾吐了担忧，或者是因为对爱尔兰市场的定位过于乐观而向你表达了焦虑。他们愿意向你展示脆弱的一面，你本可以利用这一面来对付他们，但是他们知道你不会这么做，而且他们的判断十分正确。过去，你只看到了他们的一个侧面，而事实证明，他们还有很多可爱之处。

现在，你无须再因为他们此前的戒心而防备他们了，他们并不是尖酸刻薄的人。你开始理解他们之前的态度只是出于防备。你知道自己是个不错的人，有能力又敬业，但是这不意味着他们也了解这一点。他们不仅仅想要了解你是否心怀好意，还想了解在遇到棘手情况时你是否真的能够依赖，想了解你能否产出高质量的工作成果，能否看到大局，能否靠自己想出真正有用的建议。他们不会无意识地表达自己的善意，因此这种善意值得珍惜。他们开始对你温柔相待，是因为你已向他们证明了自己，他们的认可是你衡量自己进步的标准，一个人只有得到恰当的评判，才会被人认可、支持。当然，我们也喜欢一开始就表现得热情友善的人。能力不被赏识确实惹人恼火，但我们也的确能够等到他人发现我们的禀赋后才开始选择尊重。

四十五　自由欣赏一幅伟大的画

时不时地，你会走进世界知名的画廊，站在一幅广受赞誉的画作前欣赏，你看得出这幅作品画得不错而且挺有趣，但是再看不出其他什么了，想要看透这一团乱糟糟究竟代表什么实在是太难了。但是很可能你只会把这种想法埋在心里。艺术享有极高的文化声誉，要在一群痴迷艺术的人中，甚至是对你自己，承认自己无法"欣赏"这幅画显然有失妥当。也许你会迫使自己带上一种理性的态度。你从语音讲解中了解到，之前人们认为这幅作品于一四二三年创作于意大利锡耶纳，但是新证据表明，这幅画是由一位在锡耶纳接受培训的绘画大师（这一点被特别强调）于一四三一年在佛罗伦萨创作的。由此，有关这两座城市的文化关联被解释清楚了，但你不得不承认，这个问题从未给你带来过多大的困扰。

你可以感到这幅黑乎乎的、小小的作品一定耗费了大量的脑力劳动，人们自然会对它爱不释手。学识渊博的人似乎会很喜爱它。而且，一幅在宏伟建筑内缀有丝绸的展厅里展出，顶上还有聚光灯照射的画作，无论怎么说，都必须是精美绝伦的。但在你心里，有些叛逆的微小声音仍抱有怀疑的态度：我还是无法欣赏啊。

我们自然会担心自己看起来很愚蠢或是说错了话。比如说自己喜欢达·芬奇的这幅作品，却发现根本就不是他画的，作者的名字你连听都没听过；或者，这幅被誉为西方文明瑰宝的作品吸引了大批人，无法被这幅作品打动被认为是件尴尬的事，而你却对它无感。显然，对当代艺术名作而言，类似的情况总在上演。我们了解到某位艺术家对摄影艺术的实质提出了质疑，或者某位艺术家是杜塞尔多夫学派[1]的关键影响人物，这听来确实极为震撼，但却没有回答我们不好意思提出却一直存有的问题：为什么我要关心这一点呢？

---

[1] 德国摄影艺术流派，起源于德国杜塞尔多夫艺术学院，主张利用大画幅强化作品的现场存在感，且强调摄影师的旁观者立场。

与上述情况都不同的是，有一种特殊的幸福感来自于我们发现这幅作品实际上有着属于我们个人的意义：它在与我们交流。可能当我们看着一张明信片或是屏保壁纸这些仅仅被看作实物影像的图片时，生活体验就已悄然发生改变。这么做是大有裨益的，而且我们与这些作品的会面是私密的，我们不会压抑地感觉自己受人监视，没人时刻检查我们是否做出正确的理解。相反，我们能够跟着心情走，不必理会外部的压力，比如日程表上规定周二中午十一点四十五分必须欣赏伦勃朗的《夜巡》或者毕加索的《格尔尼卡》，很可能还要稍稍倒一下时差，被学校组织前来欣赏的学生推搡着，因为这是我们报名的旅游团恰巧要带我们欣赏的名家名作。

　　心情是体验的关键因素。每一幅作品都有话想向我们诉说，但是我们需要处在正确的心境下才能够接收到。我们的心境仿若一台收音机，虽然电磁波每时每刻都在，但是收音机要调到正确的频段才能够收听节目。不幸的是，画廊总会抑制我们的心境，而看到一张明信片或是书页的插画时，我们反倒能够调试出最佳的心境。我们在感到悲伤、对一段感情产生担忧、对新机遇充满激动、有点渴望、有点阴郁时，都能够看上一眼这样的画。

带着正确的情绪，你感到自己和画中极度悲伤却仍然得体大方的人极为贴近；画布上零散的彩色笔触看似带着愉悦与希望，而不是绘画技巧演化过程中令人困惑的一步。你能够全身心地投入到欣赏中。

平常，我们总认为应该等着别人告诉我们要如何欣赏一幅伟大的画作，我们盯着作品介绍，想象着学习美术史的朋友会作何评价。但此刻，我们察觉到一种独立。"欣赏"一幅画并不意味着要与鉴赏专家看法相同，而是意味着这幅画在生活中对你至关重要。你也许不了解画的时间、作者受谁影响、这是作者早期还是晚期的作品，也不知道这幅作品是符合当时特点的主流之作（具体是什么时期你也一头雾水）还是创新之作。但是，这些都不再重要了，因为你理解了更重要的一点：这幅作品是为你而存在的。

这解释了为何懂得欣赏一幅画作以后便开启了欣赏其他许多画作的大门，因为你发现了全身心投入其中的关键要点。就像学习游泳或骑车一样，你不仅仅掌握了这一辆车的骑法，也不仅仅是掌握了如何在这个泳池上漂浮，而是获得了信心，你可以学会骑所有的车、在任何一个泳池中畅游，你相信自己会做出正确的反应。你离恐惧又远了一步，你感到自己能对一度陌生的事物和场景应对自如了。

四十六　黑色幽默

认为平日里待人友善、理智正直的好人会从黑色幽默里得到满足有些令人费解。乍一听，我们会哈哈大笑，有时甚至还笑得从椅子上滑到地下，但是冷静深思后我们发现，逗乐我们的题材涉及令人反感和恐惧的元素。使我们发笑的可以是：

愚笨：一个男人一直以为马桶刷是虚构的物件，就像人们所说的不明飞行物。

残酷：有关希特勒因为没能按照计划行事而变得疯魔的故事。

贪婪：华尔街的三位银行家走进了一间酒吧……

无情：满载难民的船上突然裂了个口……

暴力：开膛手杰克日记中轻松欢快的部分：

"昨晚走得久了有些累，给鞋子换了鞋底，到家的时候有点饿，吃了鸡蛋三明治！差点忘了处理女尸。"

　　我们从黑色幽默中汲取幸福感并不意味着我们赞成这些让我们发笑的事，我们惧怕这种情况的发生。实际上，我们的幸福感来自最初的诧异：我们惊讶于原来自己与其他人的关系如此紧密。但是，当我们认识到人与人确实可以围绕一个共识变得亲密时，这种惊诧也就说得通了。我们都认可生命的确比我们眼见的要诡异许多。幸福感所包含的一个重要因素是，我们不是一个人在发笑，讲笑话的人也与我们一样，周边其他发笑的人也与我们一样。

　　出于理性，我们公开展示的自我是对内在自我进行重重编辑后的形象。我们讨厌透露出过多的热情，我们约束自己要理智、要收敛，只有这样才能和别人和睦相处。但是令人憎恶的那一面会在夜晚悄然酝酿。我们在许多方面的能力远远不足，我们觉得自己无法向他人展示这些方面，比如我们害怕给不太熟的朋友打电话；挣扎着不情愿地去刷牙；在红酒、成人电影、冰激凌面前一点抵抗力也没有；无法坚持最节省的预算；对自己的发型永远不满意，或者愤怒于自己为何秃了头，对小小的嘲讽恼羞成怒。我们支支吾吾，不愿向世界宣告这些缺点，这是可以理解的，但是我们又清楚地意识到这些缺点的存在，这让我们感到孤寂。而且通常，我们对情欲的渴望以及其他乖僻的渴望比我们愿意承认的要多得多，显然通常任何一个体面人都不愿意承认自己在心里幻想的场景。

上述所有事情都可以辅以矛盾冲突、意外的强调、讥讽而滑稽的解说等标准的喜剧手法，引人发笑。能对这些事情发笑让人感到慰藉，因为这代表着笑话的制造者正处在如可燃物上方一般的危险境地。他们很聪明地与它保持几步之遥。我们确信他们不会真正接受那些令他们发笑的事，这也是他们发笑的理由。他们不会激励开膛手杰克，也不会对创建第三帝国的棘手感到同情。幽默并不是用来绘制计划的狡猾手段。

最初，黑色幽默表现得像是成熟自我的敌人，不断要求我们去挖掘人性中最不可取的部分，并让我们以此为乐。但是，实际上，黑色幽默带来的幸福感与它内在的和善有关，黑色幽默鼓励我们对自己及他人抱有恻隐之心，它教给我们一个慷慨、温柔的道理：我们心灵中失常的部分是受控制的，而且，这失常的部分在事实上最接近一种崇高理想：去爱他人真实的模样。

四十七　午夜漫步

　　本来你应该上床睡觉了，但是这会不知出于什么原因，你还很精神。你需要走出家门透透气，远离电子屏幕，远离旁人。也许街上有点冷，你围上了一条厚围巾。

　　也许，街上还带着白日暑气退去后的暖意，是个让人舒心的夜晚，温度宜人，穿一件 T 恤就可以出门散步了。

　　整个世界似乎只属于你一个人。街灯发出黄色的微光（如果你所在的街区还在使用老式的钠光灯），昏黄的光晕亲切、舒适。儿时有一次你从外婆家出来时天色已晚，回家的路上，你坐在车后座看着街灯，挪不开眼。街灯发出的光芒虽小，却在无际的黑夜中显得顽强。对人类而言，即使是为地球表面的一小块地方提供些微的白日光照也是十分困难的。

　　你看到月亮的形状像一片柠檬，银灰色，在云雾后若隐若现，你知道那是太阳在其背后的光。月球是个有趣的地方。有那么一瞬间，你同情起那些幻想着在月球上生活的先人，他们多是比我们聪明、和蔼的人。真是可惜，月球不过是石块和尘埃形成的球体。它看起来并不十分遥远，也难怪过去人们常以为，如果站在比自己设法建成的高塔更高的塔顶上，就可以伸手触碰到它。

夜晚的事物常常会变得更美好，因为惹人不快的细枝末节都被黑暗隐去了。窗帘和百叶窗后面透出点点灯火，有时你的视线会落在高层，看到的室内景色可能是书架的顶层或是厨房天花板的一角。趴在墙头的猫观察着你。你漫无目的地走过一条又一条街，并不在意自己会去向哪里。

午夜漫步所产生的幸福感常常源于此刻提供的思考机会。午夜、身体的轻柔摆动、熟悉而又陌生的街道、内在的躁动、清静无扰的氛围、没有特定目的地的旅程（除了最后要回家），这些因素共同为"思考"这一奇特的大脑运作方式打造了一个适宜的环境。

"思考"是我们如此耳熟的举动，在整个过程中，我们的大脑会以这样或那样的方式保持活跃。但从更有野心的层面来看，我们通过思考解决既重要又令人困惑的问题，或在此问题上有所进步。思考包含七个关键阶段，在理想的午夜漫步中，我们会随着脚步的节奏在黑夜中慢慢经历这几个阶段。

第一阶段：做出选择

任何时刻都会发生扰你心神或令你激动的事情：某人太可怕了；纳税申报迫在眉睫；读到一则新闻报道；周五喝多了，可能犯了傻；医生给母亲开了药；结交一个新朋友；感觉有点孤独；早前看的一部纪录片；左膝微微刺痛；新的工作项目；昨晚的梦……我们的思绪总在各种各样的事情间闪烁。第一步是选择一样作为今晚散步要思考的事情。问题不在于找出那件对的事，因为这些事情具有同等的重要性，如果走的时间够久，也许能把它们全想一遍。因此，第一步仅仅是选择一件事，然后开始思考。

第二阶段：承认无知

　　奇怪的是，思考的一大阻碍是我们总是急于下结论。我们常在一开始就感觉自己了解情况，把一种断言颠来倒去反复说起。人们的思路常常是：这个人很糟糕，他做了这件坏事，又做了那件坏事。他太高傲、太刻薄了，他心里只有自己。我们一而再、再而三地说着同一个问题，但实际上没有任何思考上的延展。这便是理解人们思考过程的关键一步，它解释了为何人们常常不了解对方心里究竟在想什么、动机是什么、为何这么做。或者，当涉及对经济的担忧时，人们会想当然地认为这肯定与钱有关。原因看似显而易见，但真正的问题出在别处（可能是一种挫败感、嫉妒、被对手羞辱的恐惧、对错失良机的担心）。但是，如果我们一开始就认为自己知道症结所在，那就无法深入地想到这些。

　　事实是，尽管以普通的标准来看，我们似乎已经对对方的情况了如指掌，但其实对方还有不为我们所知的好几面。我们很快就忘记了对方的复杂背景，也不会有人一直提醒我们羞愧、妥协、恐惧、艰难的过往如何共同塑造了现在的他们。表面上，他们自信不疑、雄心勃勃、令人称羡；他们令我们失望或追问太多；他们总对我们的话左耳进右耳出，或者总是关注并羞辱我们的失败。我们对他人的抱怨是无休无止的。但是在午夜时分，远离了旁人（除了遛狗的邻居），我们有足够的空间来回想奇怪的人性。人类是一种奇怪的有机体，他人觉得我们像谜，我们也看不透自己，着实不了解占据我们一半时间的事情究竟有何意义。

第三阶段：自我怜悯

生活无忧无虑固然十分美好，但我们常被实情困扰：生活里充斥着各种问题。它围攻着我们，让我们深受折磨，让我们深感不平。为什么这些问题要发生在我身上？为了弄清楚这一点，我们必须承认其合理性。

生活在本质上就是艰难的。因此，遇上问题也是能接受的（尽管那些让你心烦的几乎都是小问题：电费比自己预想的要高一些、头上的白发多了几根、买了一张自己并不喜欢的椅子、跟爱人说了周六要加班但被认为是自己的错）。在夜晚，我们更容易记起人类的生活境况本就是阴郁、灰暗的，我们不过是脆弱的生物，居住在围绕着一颗非常普通的恒星转动的一块极小的岩石外壳上。我们会遇到各种问题，这是再好理解不过的事了。

第四阶段：想入非非

试想一下，问问自己对那些关注的问题还有什么其他想法。最初的联想看起来很奇怪。也许，伤痛让你回想起儿时的假日，那时母亲参加了一场网球锦标赛，成绩相当不错；或者想起了母亲跟你讲起的曾外婆的故事（在你出生前几年，她就过世了），有一次她从谢菲尔德家中的楼梯上一路滚下来，在地上躺了四个小时后终于被来吃午餐的邻居发现，邻居慌慌张张地叫了警察。

也许，有关挪威农民愉快度过漫长冬日的纪录片让你联想起自己小时候喜欢的一本书，书中讲述了两个小孩乘坐魔毯环游世界的故事，每到一个国家，他们就在那里停留一两分钟。你过去常常在想，以后我会在哪里生活呢？你认为自己肯定不会在曼彻斯特附近终此一生。你还想起了几年前在土耳其度假的时光（那时你以为会和前任共度余生），还莫名其妙地想起你的理发师曾说过喜欢收到客人从别处寄来的明信片。

我们最初的目的不是要弄明白这些联想的意义，而是建立起一种感觉，弄清这个起点对我们来说为何意义非凡。我们正在酝酿所需的情绪，而这种情绪是违背直觉的。我们不是说好要解决一个问题吗？怎么现在看来，倒像是把一切变得更混乱了？其实，更深层的事实是，我们正是通过这些联想来理解真正直抵我们脑海的问题。

第五阶段：明确需求

随着我们走到铁路桥或者拐角处歇业的小商店，我们进入了又一个阶段。所以，真正关键的问题是什么呢？母亲的药片说明不了什么，我担心母亲的健康状况（尽管这确实是个问题），但是我感觉到的问题是我并没有充分了解她，然而时间可能要不够了。那部纪录片之所以打动我，不是因为我对挪威感兴趣，而是因为我一直想要在海边生活，我想知道如果这个愿望无法实现会意味着什么。

在经济方面，关键的问题也许不是紧缩的生活，而是我必须要面对那些状况。关于恼人的另一半，问题可能会从对方为何这么难对付转移到我们为什么还要生活在一起——面对这样一个无解的问题，你或许会想到绝妙的、积极的答案。

明确需求意味着找到一个你可以着手解决的问题。一直以来，我们的脑中常常充斥着各种断言：这太残酷了、她对我失望了、他是个小人。但是，只有明确了问题，我们才能着手解决。

第六阶段：着眼实际

我该怎么做？情况可以就这样胶着下去，也许我可以对整件事弃之不顾，一走了之、逃避责任、屈从认输，或者我可以试着做些调整以改善情况。我不能奢求别人做出改变——如果他人能改变则最好不过，但这是我无法直接靠自己的努力实现的。

第七阶段：做出预测

生命短暂而宇宙无穷，一个人的一生与宇宙的永恒存在相比不过短短须臾。通常我们喜欢被人留意、被人重视，但有些时候，我们也会因为自己的一举一动并不重要而感到开心。这些都会消逝在人类不断发展的伟大浪潮中，我们犯的傻、犯的错很快都会过去，就好似从未存在过一般，一切都既往不咎了。这样的想法在夜晚涌现出来。在地球的另一端，此刻正是白天，人们正吃着午餐或者往水中赶着牛，他们对我们以及我们的问题一概不知，这并非出于冷淡，只是因为我们的问题真的很小很小。银河系在缓慢爆炸，有些星球经过数千万年的分娩而诞生，而有些星球则忍受着数十亿年漫长的阵痛并最终消失。所有这些，在地球上的人看来，顶多是夜空中一次微弱的闪光。

然而，与此同时，我们绝非微不足道，我们是感官、思想、感觉与渴望的聚合体，是不可思议的存在。

现在夜已深了，你在回家路上摸着家门钥匙，内心更冷静、更坚定了。走到最后一个拐角处，你打了个哈欠，不仅走累了，大脑也开始困倦。你想到马上就能上床休息便感到开心。很快，思考就要停止，意识会暂停，精力会重新聚集。新的一天已经开始了。

四十八　打情骂俏

你常常得跟另一家公司的员工通电话，大多数是有关签订合同的琐事。因为身处两地，你从没见过对方，但他的资料照片看起来很吸引人：一件干净利落的衬衫、一副好看的眼镜——但是你知道自己无法从一张照片上看出太多内容。和对方的交谈总是很有趣，你喜欢对方的声音，当出现问题时，那一端总是传出安慰的话语，"哦……我理解……我理解"，你真的只是在抱怨购买权利条款的不清晰之处，但那一端的声音让你觉得就算你在倾诉其他的事，对方也会这样安慰你。比如，如果你说自己在比利时安特卫普的营销会议上觉得孤单或者说自己常常因为巴赫的康塔塔《你在我身旁》[1] 而落泪，对方不会直言什么亲

---

[1] 《你在我身旁》德语原名为 Bist du bei mir，是一首婚礼康塔塔。康塔塔为宗教题材的短小音乐作品，由独唱演员演唱，常有合唱和管弦乐队伴奏。

密的话，但会默默地安慰你，创造一种氛围，让你继续说下去。你也许会夸大自己对普通事物的激动之情，如你会说："……你真是太好了，让资深的合伙人帮忙解释企业广告的策略"。你说这句话时，对"好"这个词的强调带着更丰富的内涵：你这个人真好。对方挂掉电话前的那声"再见"，也让你觉得十分甜蜜，你脑中浮现出对方亲吻你的脸颊、怜惜地凝视你的双眼，然后轻轻拍了拍你手臂的模样。这是这个烦躁下午里令人陶醉的柔情时刻。

打情骂俏的场合有很多：在派对上，遇见一位旧友；和年长的可爱邻居一同饮茶；越过一张会议桌，在公司和同事——甚至和自己的另一半。很有可能，我们会对打情骂俏的举动带有偏见，尤其是当我们的心上人对别人这么做时，但这是因为我们狭隘地把打情骂俏理解为男女在交往中对性的试探。

但打情骂俏的乐趣并非主要源于此，它更多与友谊相关，且核心动力是喜爱。当我们和对方打情骂俏时，是在展示我们对他们的喜爱，发现他们很迷人。善于打情骂俏的人不是为了行敦伦之事而为之，虽然他们可能会默默表示出自己想轻抚对方的秀发，依偎在对方身边或是在夜里和对方低语谈心。但这些是源自爱的幸福之举，若我们仅仅把这视作对性的试探，那便是不幸了。

有些人可以放低自尊，但通常我们不会高估其他人对我们的感兴趣程度（这一点往往会往反方向发展，让我们变得越发难以想象自己成为他人喜爱的对象）；我们无须一直跟与我们打情骂俏的这个人打交道，而在此期间得到的好处是一种所需的对自我认识的提升。我们喜欢听别人暗示说他们认为我们有些可爱，通常这种暗示多多益善。

打情骂俏的一大优势是它的灵活性。它可以跨越政治立场、社会地位、经济地位、婚姻状况、性取向以及年龄（在此需要特别强调）等鸿沟，二十六岁的企业女律师可以和五十二岁的小商店男收银员打情骂俏，清洁工和大老板也能如此。这是十分打动人的，因为它证明了能够克服距离感的善良、兴趣和相互吸引。

打情骂俏并不需要双方明确表态，因此常被视作并非发自内心。这是受了浪漫主义一致性的影响，它认为我们要么十分真诚，讲出的话都发自内心，要么就是十足的骗子。因此，在一些十九世纪的著名浪漫主义小说中，"打情骂俏"通常带有贬义，忧郁的男主角会因为抛弃与其他男人打情骂俏的未婚妻而被拍掌称颂（同样令人叫好的还有因为厌世而隐居到破败高原城堡中的举动），家教良好的女主角绝不会用调笑、魅惑的口吻对除爱人之外的人说话。但是他们错失了重要的东西。

理想中的打情骂俏是由两人共同创造的一种社交艺术，是文明的产物。在打情骂俏的过程中，人们承认存在的局限性，也担忧会产生的后果，人们知道自己不应该让一时冲动毁掉一段长久的感情。因此，打情骂俏是种处在安全范围之内的引诱，它在明智迁就现实的同时，能让两人共度一段最美好的时光。从这个角度来说，打情骂俏是多多益善的。

四十九　久病初愈

　　但愿，你病得不是太严重，只是流感、风寒或是扁桃体炎，仅仅是不太舒服，要在床上静卧三四天而已。

　　生病诚然不是我们想要的，但它同样有失有得。你喝了碗清淡的热扁豆汤，感觉这碗汤的精华——那些镇定和营养——丝丝渗入体内。有人为你带了杯淡茶，这个小小的善意举动真实地触动了你。平常松脆无味的烤吐司根本无法勾起你的食欲，但此刻，它让你垂涎欲滴。

　　人在生病时，生活中的某些事情便会暂时退居其次。公司里现在发生了些什么不再重要了；你没有精力因为平常惹怒你的小事而激动；你放下新闻好好休息；不必急着回复信息和邮件；欲念减弱了，不再萦绕于你的心头。开始好转以后，宁静仍徘徊在你心中。

　　昨晚你睡了个好觉，现在身体能重新运作起来了，平日里从未注意过的小事不断为你带来幸福感：能够畅快地呼吸十分有趣，空气畅通无阻地流经鼻窦的感觉真好啊；吞咽时没有痛感真是美妙；后脑勺也没了过去两天一直缠绕着你的抽痛感；你的眼神中透出充沛的精力；大脑又开始活跃起来；能产生饥饿感让你开心；光是站起来（而不会头晕、虚弱）就让你感到无比幸福；穿上合适的衣物到室外转悠片刻简直是极大的享受。

当我们回归无病无痛的生活后，我们重新认识了过去习以为常的事物，现在，每一样都让我们着迷。你已经几天没用过家里的钥匙了，现在把它重新看作一个精美、复杂的机器，通过一套你大概可以（但其实完全）不理解的过程，这把钥匙可以转动门上小巧的钢质锁舌，打开专属于你的私人家庭文明与外界野蛮世界的结界。你把钥匙插进锁孔，转动钥匙，你听到利落的"咔哒"一声，随之是大门开启的闷响，你的心中升起纯粹的幸福感。鞋带看起来也令人惊诧，我们身处的文化对领结有严格的规定，却只用一根绳子系紧了鞋，这多么怪异。从理论上讲，你可以把鞋带两端打上五十次结，变成一个小球的模样。好奇心驱使着你去试一试，你像是又回到了小时候刚学会拉拉链那会，那时它在你眼中像是一件奇妙、轻便的小工程（事实也确实如此），被缝在衣服上供人娱乐。

为了体验这些幸福，我们并不是非得要生病才可以，我们还可以通过纯粹的想象去感受，只不过，我们通常都得等到卧病在床时才会想起这样的幸福。

五十　雏菊

雏菊生得矮小，要俯下身子才能看到它们簇簇团团或零零散散分散在杂乱草丛里的自然状态。雏菊在早春四月开花，花期可以一直延续到十月份，只要根部能从泥土中汲取足够多的水分，即使花苞被砍去，雏菊也可以生长多年，但至今还没人发现生长超过二十年的雏菊，不过这可能是因为我们的好奇心不够强烈，不代表雏菊的自然寿命仅此而已。

就算到了花开繁茂时，雏菊也不过五厘米高。一片片白色的花瓣似流苏般散开在金黄色花蕊四周，黄白两色共同构成了一种迷人的色彩组合，让人有片刻联想起一颗煎得很完美的荷包蛋或是凯瑟琳大帝时期俄国宫殿内部的景象。

雏菊最常被做成花环。用大拇指指甲在花茎底部划开一个小口，把另一朵雏菊穿入其中，一朵接一朵，就制成了雏菊花环。这听起来是个精细活儿，实际操作起来却很简单。

雏菊的花瓣在夜间向内收紧闭合，到了早上再次打开（这也是雏菊又称"太阳菊"的由来）。显然，在今日看来，雏菊的这番举动不过是纯粹的机械性行为。它的花瓣实际上由互相交叠的两层组成，只有凑近细看才能发现。当光线暗到一定程度时，下层花瓣的生长速度会比上层花瓣稍快一些，再加上花瓣复杂的交叠构造，导致整朵雏菊看起来出现了闭合状态。但是，这个现象在富有想象力的古人眼里则是雏菊的夜间仪式，象征着雏菊不知从何而起的困倦或哀悼，或许它正在熟睡，或许它正为爱人太阳的缺席而哀伤。这是一种美好的错觉，反映出人与花在精神上的紧密相连。

但是，我们仍可以把雏菊视为日常生活中的自己。我们的一举一动不会受到周围亮度的影响，但其他的外界生物因素同样控制着我们——尽管我们往往拒绝承认。我们不会认为自己对同事的焦虑是受了阴冷雨天的影响，也不会把一段关系的岌岌可危归结于自己的疲惫。我们认为这是婴儿才会有的表现，只有婴儿的负面情绪才可归咎为饥饿、燥热和困倦。更明智一点，人们可能会把另一半对鸡毛蒜皮之事的恼火归结为："现在是周日晚上，负责管理情绪的花瓣已经闭合了。"

一旦我们对雏菊给予了适度的关注，就会发现它不仅长得迷人，还提供了一个意想不到但又显而易见、关乎文化的重大问题，即声誉的不平衡。雏菊娇美可人，但依然不受重视。

你买不到一束普通的雏菊。要想获得一束雏菊，最快的方法就是买一袋种子自己种，或者极端一点，买一栋草坪上有雏菊的房子。你从来没有在花店里见过雏菊，鲜花速递的花单里也不会出现它；我们不会在特殊的场合送给对方一束雏菊；我们不会为了参观有名的雏菊花园而特意出游；恋人不会买一朵雏菊作为爱的象征。这些都不足以证明雏菊的失败，相反，这是出于我们的忽视。我们不重视雏菊的原因不幸地在于它遍地都是。物以稀为贵是我们一直持有的观点，而雏菊则不幸地成了这个观点的受害者。声誉出现在人们公认值得关注的一众事物中，这些事物共同组成的清单成了公众享乐的向导，但是这张清单并不一定完整。

娇小、美丽又普通的雏菊，（和其他好物一起）共同指引着理想的繁盛未来。

五十一　无花果

　　你常常能见到无花果：它会在你为了纪念特殊日子而去的时尚餐厅里作为甜品装饰出现；几年前在西班牙加的斯的一家超市里，你的注意力曾被一篮无花果吸引，但是你没有勇气挤进人群中买一些；你妹妹有时在尝试新品沙拉时会放上无花果；无花果被放在超市的某一个区域里，但是通常你在逛超市时都高度专注，只是向你总买的那几样商品飞奔而去。

　　在所有这些偶然发生的场合中，你根本不会过多留意无花果，它们的存在就像其他数十亿种你被动意识到的物体一样。

　　但是，当一个无花果被放置在你面前时，你总是惊诧于它的美好。果肉的颜色赏心悦目，其略带干涩的口感以及淡淡的味道给人一种幸福感。你喜欢无花果，你这么提

醒自己。然而，再次品尝盘中的无花果也许要等到半年后了。你甚至不知道无花果是什么季节的水果（无花果有特定的采摘季节吗？）。

这是一种很奇怪的状态：我们寻得了微小的幸福，却把它交给运气，甚至，当我们得到这样的机会时，又常常会有其他事情妨碍我们，比如，当大家其乐融融地聊着天时，小外甥突然在摇篮里号啕大哭起来，这样的场面有些不幸（安抚小外甥用的可可巧克力豆确实好吃，但完全掩盖了无花果的滋味）。

为了应对幸福的随机性，我们需要注重仪式感。这个主意乍一听有些年代感，我们的第一反应也许会把仪式和古老的典礼联系在一起，如君主的加冕礼或是教派的聚会。但还有一些更有用的联想：过生日要吹灭生日蛋糕上的蜡烛以及在切第一块蛋糕之前要先许愿，这种小小的仪式偷偷在人们内心产生美好的想法，让人们认为生日标志着一岁的结束以及新一岁的开始，我们应当更加用心关注短暂的人生以及自己的希望。也许，仪式的本义就是更明确地帮助我们悟出道理。

当我们对仪式去粗取精后，就会发现其目的在于利用一系列动作及态度使我们达到一种宝贵的心境，就像一份菜谱，如果我们仔细遵照设定的步骤，就会最终得到成品。在此，成品不是一碗西洋菜汤或是焦糖炖蛋，而是一种高度赞赏的状态。与菜谱不同的是，仪式的规定步骤里通常包括了进行的时间，而菜谱则把时间交给我们自己来决定，什么时候想做意大利肉汁烩饭了，看看菜谱就知道步骤是什么。而仪式不然，它限定了时间，可能是出生后的第一年、新月初升、樱花或李花盛开之时（如在日本花见活动期间，大家会欢聚树下野餐，共同欣赏短暂的自然之美）。仪式有规定的日期，遵循独有的文化，在你的记事本里约好时间。仪式担心你忘了去寻找这份独特的幸福，因此，它自带提醒功能。

在一个仪式中，经过长时间的演变，很多细节都已被打磨、改良过了。人们一直在竭力思考如何最大限度地发挥仪式的价值，因此仪式常常要求我们采用特定的思维模式和行为模式。如新墨西哥州吉卡里拉族的少女要进行一个复杂的仪式，在持续数日的仪式中，姑娘们必须穿上特殊的服装，并且反复看几则特定的故事、听几首特定的歌曲，以此来突显自己的优良特质。这个仪式的目的很明确，它旨在改变她们对自身以及身处环境的看法。

如果我们要设计一个品味无花果的仪式，流程可以是下面这样的。

每周二下班后，从火车站对面的杂食店里挑一些无花果，前几次先专门挑选有娇嫩冷青色外皮的，将它们摆放在白盘子上。之后就可以尝试摆放外皮为青灰色或者黑色的无花果了。在开始其他动作前，先用片刻思考一番这个小小水果本质上的奇特之处。它本可以进化成橡子那样，从繁衍的角度来看这是高度可行的，它有着和人类全然不同的繁衍体系。它还可以更像草莓，毕竟它们都甘甜、诱人，也都为人们所熟知。此刻，无花果就是我们建立仪式感的起点。

拿一把利刀，将其纵向切成几块。使用尖利的刀锋并不是因为果实坚硬，恰巧是因为它的柔软，钝刀会糟蹋它。切好的边缘应该是整齐干净的，切面应是平滑完好的。看看这果肉的色泽。看十五秒，把自己想成正试图描画它构造的画家，就这样细细地盯着它。

想想结出无花果的树吧。现在的无花果也许是在英格兰贝辛斯托克郊外的塑料大棚中发育成熟的，但无花果树也曾繁茂地生长在巴勒斯坦或西西里岛的土地上，在《圣经》寓言中也多有记载。

挤出几滴柠檬汁滴在无花果肉切片上，会提升无花果的口感。想要控制柠檬汁的滴落位置有点难，你可能会滴歪几滴。然后，尝一口。第一口先把注意力放在口感上，然后，再尝第二口，把注意力放在味道上。品尝无花果的仪式大概需要七分钟。

仪式提醒我们怎么做才能拥有一段更美好的时光。要完成仪式，你需要遵循一系列不太强硬的规矩。这些规矩并不是要阻碍我们快捷地完成某事，而是指引我们拥有一段更好的时光。遵循规矩是对浪漫主义认定的事物进行自发的改进——浪漫主义倡导事物的自然发生，所谓幸运的时刻在浪漫主义看来都是愉快的巧合。这种想法并非一无是处，只不过我们不需要完全遵循它。如果我们只是一味听从这样的想法，那么许多幸事也许就不会发生，或者发生的概率微乎其微了，比如，只有当你妹妹突然想要邀请你去她家吃午餐时，你才能体会到无花果沙拉的滋味。

　　微小的幸福需要仪式感。但讽刺的是，微小的幸福本身并未强烈到把自己强加在我们身上，我们不会对此上瘾，也不会对此着迷，它们的吸引力远不如情爱、电子游戏、喝酒或吞一块巧克力来得大，这些让人上瘾、着迷的幸福是无须提醒的，我们常常还不得不痛苦地挣扎着限制它们对我们的支配。微小的幸福则是完全相反的。我们很容易就会与之失联，它们总是容易被其他事情冲散。我们需要积极地在生活中留住它们。

五十二　其他微小的幸福

一旦我们开始寻觅微小的幸福，它似乎就在我们的生活里无处不在了。本章节的意义不仅在于列举，更旨在让读者了解它们受喜爱的原因，了解究竟是什么强化并深化了它们所带来的满足感，在今后的生活里为它们提供更可靠、更广阔的舞台。

1. 打扫橱柜

这是一项能完成并且肯定能做好的任务，然而生活里的大多数事情都有些棘手。打扫橱柜的忙碌是令人愉悦的，它不是真正的匆忙。你可以对小细节吹毛求疵，并为此自满。无须告诉任何人，你打扫橱柜只是为了自己。打扫完会十分开心，因为生活里的一件小事处理完了，一会再回来欣赏自己的杰作吧。

2. 向朋友借一条围巾

围巾并不是很合适，但是围着它能起到某种作用，围巾象征着你们的亲密，是属于你们两人小团体的一部分。借围巾之前的踌躇让人幸福："好冷呀……嗯，你可以借我的围巾呀……如果你想的话。"看着衣柜里的围巾，想着这条到底是你的还是朋友的。你总是想把它还回去，但是从来没有这么做，而且，对方也会因为你没有这么做而默默感到开心。

3. 名言警句

言简意赅，便于引用，具有总结概括之趣。若滥用则会适得其反，但你并不介意，总找机会旁征博引，内化这种智慧。

4. 背诵诗句

"若我战死沙场，请这样记住我……""一切都会好起来，所有事情都会好起来……""若我有足够的空间和光阴……"。很难完美地掌握节奏，但是不必担心接不上下一句，你可以用自己的想法创作，偶尔羞怯地向朋友展示一首，虽然对朋友而言，这首诗的意义远不如对自己而言那么重大。

5. 说脏话（如果平常很少说的话）

你比自己想象中坚强，有时说脏话只是为了装装样子吓唬别人（他们刚刚真的说脏话了？）；脏话是对美德的有力称赞（"该死的高贵和温柔"）；脏话还能缓解把炖锅砸在脚趾上的糟心（"哦，该死的"）；骂脏话的次数越少，偶尔骂起时获得的幸福感就越多。

6. 削铅笔

金属削笔刀以及可替换的刀刃（尽管你从没换过）。寻找推进与旋转笔身之间的最佳平衡。削笔刀是最简单的机械了，没有改进的可能。不能削得太尖，否则会戳破纸张或折断笔芯。

7. 在奇怪的地方野餐

在周围种有番茄的小型屋顶花园上；在冬日寒风里，躲在海边的礁石背后；在树屋上；在厨房的地板上。在新环境里做熟悉的事是一种双重的享受。

8. 青瓷蓝

也许它其实是绿色，难以辨别。青瓷蓝给人的感觉宁静却不消沉，凉爽且开阔，凝视它便感到安心、静谧。用它给碗、花瓶、短袜等带弧度的小物件上色最好不过。它在白色的衬托下越发好看。

9. 学着原谅

那些伤害过你的恶霸、混蛋、坏女人带给你的痛苦可能发生在几年前，你总对别人说自己已经释怀了，但其实你的心里还憎恨着对方。原谅不是仅仅遗忘过去，而是重塑这些伤害过你的人在你心中的形象。他们确实有自己的麻烦事，但在他们的完美掩饰下，你可能永远也不了解这些。他们冲他人发泄情绪是因为他们也曾被当作出气筒。苦闷消解过后，你便涤除烦扰、心旷神怡了。

10. 下飞机时的热浪

这是肉体能够感觉到的，充盈在你的肺腑间，拍打在你的额头上，温暖了肩膀深处的肌肉，让人联想到遮阳棚、悬在天花板上的大吊扇、墨镜、宽松的浅色衣物、午休、柠檬、冰激凌。你脑中都是与天气有关的想法，你打算在这里展现出稍稍不同的自我，在这里，属于热带的自己诞生了，你不禁为在寒冷中久居的那个自己深深叹息。

11. 厚袜子

在室内、在泡澡后、在为工作忙碌了一天之后，穿上一双厚袜子，双脚和脚踝鲜少得到这样的善待，但此刻它们的待遇有所提升。脚趾裹在袜子里，不受束缚、安逸自在。一双袜子起到了很大作用：你对麻烦的请求耐心地做出回应，你更仔细倾听另一半的话，你体会到无关性欲的感官上的享受。一双袜子的售价不过五英镑，低廉的价格却能带来极大的享受。

12. 吃到儿时喜爱的夹心饼干

你只在很小的时候吃过，距离现在已经好多年了。有一次，你早早地溜进厨房，拿了一大把回到床上。你以前喜欢把饼干拆开，从中间吃起，还喜欢舔饼干，可以舔一百万次把饼干一点一点舔尽。你咬了一小块，它不如记忆中美味了，你的口味变了。但是你喜欢的是过去的自己，自己曾那么喜欢这种饼干，你多希望可以回到过去，分那时的自己一块饼干。

13. 建筑工地

虽然现在一片混乱，但每块物料的存在都有明确的目的，或是为了扩建建筑，或是为了搭盖新的公寓楼，那一堆石砖最终会被建成一堵砖墙，说不定某天一位化学工程师会在墙旁边摆上一张自己珍视的桌子，那是他途经法国波尔多市的跳蚤市场时淘到的宝贝，为此他极为自豪。挖掘机械设计得很精妙，配有不同的铲斗，用于挖凿水沟。泥泞的水洼从远处看倒像是风景。虽然现在未安装的一扇扇门还在英格兰伍尔弗汉普顿供应商的订单上，但以后，人们会在家门口迎接朋友。虽然现在这里凌乱不堪，但是建筑工人已经历过千百次这样的状况，他们已经可以清晰地看见成品。

14. 锻炼之后

虽然刚才的锻炼过程很艰难,但现在你是一个刚刚锻炼过的、了不起的人了,四肢传来的酸痛令人愉快,它证明你的努力确实存在过。锻炼似乎是一件很符合逻辑的事:你忍受了痛苦,你得到了好结果。终于有一次,你的意志命令了身体。我们似乎在锻炼中窥见了未来生活的理想模式。

15. 明智的双眼

明智是一个大而模糊的概念,它有各种形式,最佳的一种是智慧。智慧是一种了解他人和自我的能力。当你在棘手时刻冷静凝视问题时,你会察觉到自己的智慧;当他人感到情况难以处理而你却能看到正确的质疑方向,或是闪烁出同情的眼光时,你也会察觉到自己的智慧。智慧是人们渴望达到的境界。

16. 躺在地上仰望天空

高远的天空中飘过一朵浮云。为何此前竟从未像这样好好仰望过天空呢？美丽的天空一望无际，亘古不变，平日的琐事都风吹云散了，你不再是公司的员工、纳税人、摇摆不定的选民、有点失意的恋爱中人，你不过是宇宙的婴孩，是凝视天空的人，是不可或缺的人，是充满可能的人。只要不是被肩胛骨后面的鹅卵石硌得生疼，或是让甲壳虫钻进了衣领，你可以一直这样仰望下去。

17. 爆发而出的愤怒

愤怒燃起蕴藏在你体内的能量与自信。平日里你总试着保持平和，与他人意见一致，但偶尔的暴怒也不无裨益。暴怒唤醒了蛰伏的内心，你很开心自己有能力发怒，愤怒为你的和善带来尊严。你的礼貌并不是出于懦弱，而是出于对自我能力的了解。你总是带着柔软似天鹅绒的爪子，其实，内里隐藏着你的利爪。你很欣慰其他人也能明白这一点。

18. 重新发现朋友 / 恋人美好的一面

我们认识他们已经有些年岁了，我们十分了解他们，愈发容易在他们身上挑刺。突然之间，他们的一个举动或一句话——也许是口头禅，也许是下意识拨动头发的动作——会让你想起当初自己为什么喜爱他们。小小的细节揭示出他们被我们遗忘的迷人一面，过去的温情像潮水一般涌回我们的心田。我们怎么会忘了这些记忆呢？我们能够从此刻再次拾起吗？

19. 成年的欢笑

这种欢乐，一半是因为忍不住要哈哈大笑，一半是为生命中逗人发笑的、不具威胁的荒谬而感到开心。你记得九岁那一整年都充满了欢笑（这要归功于阿迪蒂亚和珍妮弗），还有十四岁那年，有一次你差点从化学实验室的椅子上摔下来，憋不住笑出了声。这种欢乐在成年后减少了（因为荒谬对你而言不再可笑了），但是欢笑时你仍是开心的，因为这意味着周围的人都有毛病，但我不在意。智慧在此刻显现出来。

20. 更了解自己一点

你以为你了解自己，希望与恐惧似乎一成不变地伴随着你。也许，到了新地方、换了新工作、认识了新的人、学习了一门新的语言，会让你意识到自己还有意料之外的方面。起初这是个令人不安的发现，你不知道新发现的自己要如何与过去的自己融洽相处，于是便产生了一个问题：如果这才是真的我，了解了这个我之后，我又会得到什么新发现？

21. 云

一般来说，我们十分了解云，但是我们很少花费完整的两分钟时间观赏它，云移动的速度似乎总是比我们转移注意力的速度慢。云朵构成的图案时而宏大，像是天神的座驾，时而蓬松柔美，像在呼朋引伴。在我们没有打量这个世界的时候，一幕又一幕精彩的剧目在天空中上演。仰望着云彩，我们会有片刻失了神。

22. 口渴时的一杯水

如雪中送炭般及时，霎时间令人爱不忍释，你喝得撑起肚皮，呛得喉咙发紧。此刻的幸福感来自需求的满足，身体发出了急切的信号，而解决办法如此简单。若其他事情也能这样轻而易举地解决便好了。

23. 面善的陌生人

你一点也不了解他们，但是他们对世界微笑的模样、轻拍别人手臂的举止仿佛含有深意，你感觉他们能怜悯一切的悲伤，能感悟所有藏在背后的挣扎，他们不会轻易被激怒，因为他们知道对方有多么疲惫，他们知道微小的礼貌和客气能换来什么，他们从不会怨恨。

24. 窗台花盆里的花

有人种下一盆花并看着它长大，他们喜欢养花，选好品种后从网上买好种子，每天上班前用茶壶给它们浇水，偶尔会落几滴在路面上。他们本想要一个花园，但是囿于现实，只能在窗台上种几盆花。最初的妥协变成了现在的欢乐。人们幻想着自己的生活中还有什么事情能够像养花一般，从不得不妥协转变成享受欢乐。

25. 转变观念

要承认过去的自己想错了确实不容易，但是一旦这么做了，你能感到一种愉悦。过去的你并不是个傻瓜，只是不如现在成熟而已。能够转变观念本身就是一种成长。理想中，你总能记起对立面的想法，就像所有最好的老师一样，过去你总是与他们意见相左，但是现在发现老师的观点其实没有那么不堪，在这种罕见的时刻，我们捕捉到自己的成长。而这样的时刻会再度到来。

26. 玩偶屋

所有房间可以尽收眼底，每样物品控制起来都十分容易，用一根手指就可以推翻沙发，用一口气就能把浴缸吹进卧室里。窥探屋里的设计，想象自己置身其中，饶有趣味。通过一间小小的玩偶屋，人们发现了家的真实模样，那是与幼稚全然无关的。

27. 别国的国歌

听着其他国家的国歌，有片刻间，人们会觉得为属于这个国家而自豪是一件十分美好的事，且歌曲愈恢宏大气则愈佳，很可能还要有一段悲壮的旋律，引起对哀伤的共鸣，以此将全国人民团结在一起，但你对这哀伤背后的含义一概不知。

28. 绳子

尽管你从没用过绳子，但它看起来用途很广。用锋利的剪刀一把剪断绳子时会有一种别样的快乐。棕色的绳子比白色的好看些。用绳子缠绕食指也不失为一种乐趣。

29. 在下降的飞机上从二万五千英尺的夜空俯瞰新加坡海峡

从高空俯瞰人类的伟大杰作，你不禁轻轻哼唱起皇后乐队的《我们是冠军》。

30. 在干洗机旁

干洗机是可以熨平夹克衫袖子的特殊机器，实际上你也搞不懂"干洗"究竟是什么意思，不过答案并不重要，就让这个问题成为一个吸引人的谜吧。干洗的过程你从来没见过，你只见过最终被洗干净的衣物。为什么只洗了衣服就停下呢？能把我身上的污浊也洗除吗？

31. 大雨滂沱

久旱时的大雨为最佳。一天黄昏你在街上，但是离家不远，碰巧下起了雨，雨倾盆而下，落在地上，溅起水花，就算打着伞也会被雨淋湿一身。到家后你要泡个澡，早早地换上睡衣，再套上一件宽松的外套。这将是个舒心的夜晚。

32. 外文书店展示窗上的畅销书

你根本看不懂书名（*Edin den v Dreven Rim* 和 *Noli me tangere*[1]），但仍觉得它们比家里的书更吸引你。你无法在脑中描画出这些书的读者会是什么模样。你不会因为自己

---

[1]   分别为保加利亚语书籍《在古罗马的一天》和拉丁语书籍《不要碰我》。

写不出这样的书而嫉妒作者。

33. 影子

影子能勾起奇妙的联想：一盆植物的影子看起来像匹狼，走在街上的人影被拉长或压缩成不可思议的模样，缓缓走近房屋墙壁，脑袋的影子会慢慢折叠起来。人的细节都被抹去，只能注意到大概的轮廓，无论是大富翁、乞讨者，还是你自己，每个人的影子都相差无几。

34. 轻柔的动作

树顶上的枝叶在微风中摇曳、旗帜飘扬、湖水在岸边轻轻拍打、火车驶离车站、跟着节拍舞动肩膀和臀部、猎豹奔跑的慢动作优美镜头。

35. 在游戏中故意输给小朋友

当然关键的一点是不能让他们发现真相，要设计一连串巧妙的错误，不能明显地放水，如果能让他们险胜，那就更贴心了。这样做的回报是可以换来孩子的笑颜，这是成年后你所发现的无可比拟的东西。生命充满了失望，能够逆转这一局面，让人欣慰。

36. 儿童构想的改变世界的计划

用乐高玩具搭建城市（这可能会妙趣横生）；让大人和孩子同时上床休息（他们就不会发火了）；每个人都有机会成为国王或总统（来打造公平的世界）；孩子不懂得理性实际，因此感性直觉能发挥更大的作用：不开心就是他们要解决的问题，或许这能成为一个美好又明智的开端。

37. 装备齐全的手提箱

此刻，一切都收拾得整整齐齐、井井有条的了，袜子的数量不多不少刚刚好，一件叠得方方正正的时尚夹克衫，一套洗漱用品（包括一小支牙膏）。生活中其他许多方面也应该这样清清楚楚。

38. 新鲜的法式面包配黄油

如此简单却如此美味，这两者是绝妙的搭配。黄油略带咸味，入口即化（融化在口腔的温度里，带来愉快的战栗），面包松软却有嚼劲，还有夹心，每一口都试图带着面包外皮一起咬下。其他复杂的享乐计划在这两者面前都无地自容了。

39. 带点难度的拼图游戏

这么做不是要自取其辱。尽管一开始很难，但最终每一块拼图都会被放在自己的位置上，那时会产生一种清晰明朗的成就感。而生活里的大多数事情都不会善终。世界上满是待解决的问题，而这个任务是可以被完成的，这种感觉十分美妙。

40. 蝉鸣

蝉鸣是燥热仲夏里完美的乐音，它提醒着人们做一碗沙拉当午餐、驱车瞥一眼破败的寺庙、下午去游个泳、到院子里享用晚餐，它还勾起愉快的猜想：蝉究竟藏在哪里？要怎么读它们的名字？它们的歌声如此嘹亮会不会是因为听觉不佳？听了一会后，太嘈杂的乐音变成噪声，让你忍不住关上窗户，或是走进室内。

41. 边看电视边吃晚餐

准备一份意面、米饭或寿司，除了要用刀叉的，任何方便享用的食物都可以。如果播到无聊的节目了，你可以起身泡壶茶或是倒一杯红酒。电视上播放着武打片、飞车追逐、人站在浮冰上、伟大力量的对决等戏码，你一边舒服地窝在沙发里，一边舀起一勺巧克力慕斯。这种享受不可过多，否则就不再是一种享受了。

42. 感觉这会是一部好电影

一句优美的台词、演员大笑时的演技、典雅的内景、你欣赏的角色陷入了困境、你开始入戏……而这不过是开场而已。

43. 哄小孩入睡

他们的脖子枕在你的臂弯上，身体的重量压在你的大腿上，你抚过他们的发丝，轻轻拍打着安抚他们入睡。你感到自己还能安抚其他的人，帮助其他的人在困难中稳定心神。曾经自己在被哄入睡时获得的爱得到回报、得以延续。

44. 从五层俯视街上漫步的人

平常注意的细节都看不清了，比如你无法看清他们的面容是否俊秀，年龄也只能看个大概，只能看出是老人家还是年轻人，你注意到人们走路的姿态，一位穿红色夹克衫的路人成了街上最亮眼的人。在五楼之上，你感到宽容与亲切，每个人都那么有趣。如果你只是静静地站在床边，很可能没有一个人会注意到你。

45. 你不信仰的宗教里的美好画面

在一项宗教仪式上，每一个人都公开承认自己辜负过别人（但不用点出具体人名），人们把做礼拜的场所是否美观看得极为重要，礼拜的场所里要在一幅画像前点上蜡烛，画像上是一位看起来十分悲伤的女性和一个幼童，还有其他美好的画面：人们列队等候，坐在丝绸团垫上，手持一本书，洗礼，严肃地高声合唱。

46. 寻找恰当的词

味甘多汁、洁癖、忧郁、智性恋 [1]、庄重、矛盾、清醒……你试图用最精准的语言描述自己的经历，准确地帮助他人理解你的烦忧或激动，你希望自己能够善于表达。

47. 有人分担的痛苦

你也有这样的痛苦，瞬时之间我们的距离就被拉进了，我们试图忘记共同享有的喜乐，此刻分担痛苦不是要解决问题，而是一起正视这份悲痛，让你知道，你心情低落之时有我和你在一起，我们一起瓦解孤单寂寞的感觉。

48. 新朋友

你认识他们不久，但他们却懂你，你学着用他们的视

---

[1] 指被对方的知识所吸引而产生爱慕之情。

角去看待世界，去缩小恐惧，他们用自己热衷的事情拓宽你的兴趣爱好，你了解了他们的生活领域，找寻到崭新的或过去的、被遗失的自己。

49. 黄昏的图书馆

大多数读者已经离开了，书架上一排排书籍了无生气。光照变了角度，最后一缕光线透过大窗射进馆内，空气中尘埃翩翩流连。小小的台灯投下一圈金黄色的光晕。宁静、舒适，智慧在向你招手。

50. 坐在空旷车厢里的长途旅行

本该拥挤之处难得的宁静，空寂无人的站台，工业化城镇的郊外，在俯仰之间匆匆而过的远处山峦。这时可以静静思考一会了，把材料都摊开摆放在邻座上，趁火车驶经吵闹的乐队时再起身去卫生间。可能人生只有这么一次难得的体验。

51. 不可译的文字

Cafuné（巴西葡萄牙语）——用手指轻柔但深深缠绕他人的头发；Eudaimonia（古希腊语）——长期美好、富裕的生活状态，同时包含各种沮丧、失望、失落、煎熬的情绪，是一种尽管当下并不是全然快乐却也能拥有的幸福状态；Age-otori（日语）——发型被理坏了。不熟悉的表达倒使得表意更加清晰，你的一些想法在另一种文化里被理解。

52. 成为能感知微小幸福的人

生活中充斥着无尽的苦痛，但也常有一些值得我们感悟的美好，你无须依赖他人的帮助——虽然有他人的帮助也很好。

*　　*　　*

微小的幸福永远也列不完，这不过是一项极其庞大的工程的开端，这项工程恰当地了解及领悟人们发现的实现快乐的途径，并把这项成果带入人们的主流思想当中。

后记　微小幸福的深意

1. 什么是微小的幸福？

对微小的幸福的常规理解是将它视为一种对个人而言十分美好但微不足道的幸福感。它随意走进我们的生活，待我们微微体悟一番后便悄然离去。或许，我们有时会向他人稍稍提及某种微小的幸福，他们也许同样会表现出对这种幸福的欢喜，如铁皮瓦楞屋顶上的叮咚雨声、青瓷蓝、车站旁的一堵危墙，但却不会再深入了。这些微小的幸福之所以无足轻重，在于它们带来的满足感微乎其微。但其实，它们毫不逊色于那些所谓的重大的幸福（如在公众面前被称赞、喝香槟、买新衣服、下榻能饱览埃菲尔铁塔景色的酒店）。

这种幸福的微小还体现在其他方面：它在我们对自己

的愿景以及现实生活中仅占据很小的一部分。如果问我们假日中美好的体验有哪些，我们通常不会一下想到凝视浮云的那五分钟，不会想起机场里的安检仪多么有趣，或者听六岁孩子讲述自己对成年生活的幻想有多好玩（成为一位英超足球运动员，闲时住在家里，还要经常到超市去堆货架玩）。如果我们在腿上绑上一个用来测量幸福程度的测量仪，它显示的数据会让我们明白，其实微小的幸福才是真正强烈的幸福，而旅行带来的通常意义上的幸福（如在旅游宣传册中常常被描述的、在聊天中被我们反复提及的）——欣赏白沙旁的椰子树、逛集市、看当地的手艺人用芦苇削制传统笛子——其实并没有那么打动我们。

微小的幸福是被当今我们所说的集体意识忽视了的一种享受，是一种在司空见惯的现状和没完没了的同辈压力的衬托下，本能自发地精心构建出的对生活的愿景。

2. 微小的幸福与文化

在我们的文化中，对享乐的态度源自一七五〇年至一九〇〇年间欧洲与美洲的浪漫主义诗人、艺术家与小说家。浪漫主义认为享乐是被罕见、难求的事物深深打动，常常需要人们远离平日的生活。浪漫主义者发展出一种对异域的狂热，他们赞颂独一无二的时刻，而我们也厌倦一成不变。浪漫主义者往往还不乐于详述自己享受到的乐趣，因此这些成功的公众人物引导着普通民众忽视了触手可及的满足感，让人们觉得详述自己的喜好是一桩怪事（更希望让它保持神秘）。他们促使人们产生这样的想法，即每个人都喜欢的事物一定是无足轻重的。

微小的幸福不同于浪漫主义对幸福的定义，因此看似无关紧要。用浪漫主义的主导思想来看，它确实微小：如果这种幸福人人有之，如果这种幸福在家里都能获得，如果这种幸福周而复始，那么，它就不是重要的幸福了。然而，实际情况是，给予我们满足感的多数事物都具有上述特点。

在历史上的任何阶段，文化都有可能带有忽视性，我们从这种文化中学到的对满足感的追求只能通过几种有限的体验来实现，而在这种文化中最主流的旋律，如最流行的歌曲和游戏、最常见的广告、最有趣的喜剧、最当红的名人所宣传的内容，也许根本无法告诉我们所有美好、愉快、感人、诱人的事物。我们在成长过程中，很有可能只能体悟到精致的晚餐、参加奥运会开幕式、乘坐商务舱等经历中显见的幸福。然而，尽管我们从未体验过那些微小的幸福，我们所处的文化却会向我们保证，我们会对它了如指掌。我们很容易领会到威尼斯的迷人之处，但鲜少有人告诉我们，到公园里散散步可能也有同样的乐趣。

微小的幸福是更好生活的关键因素。其共性往往是唾手可得。它不依赖大量的资源，不罕见也不特殊，不要求我们对现有生活做出重大、费力的调整。然而，阻碍我们获得这种幸福的原因很简单也很奇怪：我们没有足够的重视，没有人鼓励我们注意它，也没有人提醒我们它具有的价值。

一种文化并非只由主流旋律构成。我们不是只能被动接受，还可以尽自己的绵薄之力告诉全社会究竟什么才是值得我们关注的。我们都或多或少地用自己微弱的力量帮助他人绘制着挖掘幸福的藏宝图。通过与他人分享自己微小的幸福，我们在协助他人感同身受，让幸福更加显而易见。从理想的角度出发，在告诉他人我们的喜好时，我们不能仅仅说出自己的喜好就戛然而止了，我们不能停留在"我喜欢大雨滴落的声音"或"我喜欢无花果的香气"，而是要深入细节，试着捕捉它令我们如此着迷的内在原因，试图回忆起它带给我们的联想与感受，试图去理解它为何能够深深打动我们。并且，当他人向我们提及令他们幸福的小事时，我们不能仅仅点头赞同，还应当带动他们探究本源。

3. 将微小的幸福作为心理疗法

要想理解幸福对我们的价值，首先需要了解它对我们生活的贡献。这意味着去探究其潜在的心理治疗功能。"心理治疗"不过是心理帮助的代名词。任何一样好东西，包括幸福，之所以被看作好东西，是因为它能帮助我们解决问题或提升美德。任何一种微小的幸福都包含一种甚至七种治疗手段：

勾起回忆

至关重要的人和事总是被我们遗忘，并且常常从我们眼前一扫而过，而微小的幸福常常提醒我们记起这些人和事。

- 外婆

- 在海中自在游泳

- 百听不厌的歌

带来希望

我们很容易陷入愤世嫉俗或心如死灰的状态，需要希望支撑我们面对关键的事情，而微小的幸福常常能为我们带来希望。

- 规划理想生活

- 从五层俯视街上漫步的人

- 清晨起床

- 忙碌一天后舒心的疲惫

为痛苦正名

痛苦是不可避免的，但是痛苦又会带来恐慌与绝望。有一些微小的幸福可以帮助我们更好地化解痛苦，为痛苦正名。

- 有人分担的痛苦

- 牛之趣

- 自我怜惜

- 纵情悲伤

重拾平衡

我们的生活会面临失衡，我们不得不以不平衡的方式成长，因此忽视了生命中重要的部分。

- 周日早上

- 沙漠

- 日光浴

- 儿童画

理解自我

我们看不清自我，不理解自己身上究竟发生着什么（在感情、工作等关键方面，我们究竟是谁），一些微小幸福的出现能够帮助我们理解自我（这种对自我的探究被包装成了幸福）。

- 老友的取笑

- 海鲜店

- 酒店独眠

- 一见钟情

获得成长

我们会陷于糟糕经历留下的恐惧中，这些恐惧会阻碍我们变得更好、更成熟，而有些微小的幸福能够让我们时刻得到有关成长的启迪。

- 得到一向多疑的同事的信任

- 自由欣赏一幅伟大的画

- 黑色幽默

- 出国游历

- 午夜漫步

得到领悟

我们对使我们收益颇多的人或事总是一带而过。

- 外婆

- 为书中人物的去世悲泣

- 其他微小的幸福

4. 微小的幸福与资本主义

　　过去，各种各样吸引人的小物品受到资本力量的关注，通过商业化进入千家万户，成为人们普遍的乐趣。把小段意面螺旋成卷的想法一定曾有一度不被理解、不受重视，若手工自制的话，很可能也没人想要品尝。但是，一些实业家看中了这个主意，并通过广告、菜谱、厨艺节目等方式，让螺丝意大利面出现在世界各地的超市中。世界知名的意面制造商巴里拉集团的年销售额就高达三十三亿欧元。

　　在日本，人们极为关注樱花的盛开，几乎每个人都会特意在满树樱花盛开之际出门观赏，欢聚在一树粉白下野餐。樱花为日本带来的经济效益达到一万亿日元（约六十亿英镑）。英国也有繁茂的樱花树，却没有发展出商机。

其结果是，尽管居住在斯凯格内斯和汤顿的英国人喜欢樱花树，但他们并不会特别留意樱花，而且大多数人留意到樱花时，花期都已经结束了。我们认为将幸福商业化是一桩好事，并不是因为这样能带来经济利益，而是因为，当幸福被有条理地产业化后，它的地位便得到了提升，因此就更有可能得到我们的强烈关注。

在我们的社会中，还有许多微小幸福的潜能未被充分挖掘，比如午夜漫步、欣赏一堵爬满青苔的老墙、与陌生人谈话……

我们会认为微小的幸福能够帮助大企业发展这个想法很可笑，是因为这样的案例还未被构建起来。我们从带来微小幸福的这些举动中获得的乐趣绝不会比从山上滑下来少（而世界滑雪行业每年向世界经济贡献的价值达六百亿美元），也不会比看几个人打球过网来得少（网球市场一年创造的价值达十五亿美元）。当然，就在短短几十年前，人们还对这些运动娱乐所能达到的庞大规模的预测感到荒谬。现在，有大批的企业正伺机进军带给我们幸福感的事物中，想从中获利，不过他们之所以还未投身行动，是因为还没有人系统地鼓励我们去留意它们的魅力。

*　　*　　*

我们应当更经常也更系统地留意身边微小的幸福，若不这样，它们的存在就会一直如此微弱。我们在试图教会自己一条核心的生活艺术：去探索如何充分把握机会，利用我们身边的满足感，并通过这些机会为自己和他人打造一种繁荣更甚而痛苦孤单更少的生活。

人生学校：微小的幸福

[英] 人生学校 编著

陈鑫媛 译

Small Pleasures

by The School of Life

图书在版编目（CIP）数据

人生学校 . 微小的幸福 / 英国人生学校编著；陈鑫
媛译 . —北京：北京联合出版公司，2018.11（2022.3 重印）
ISBN 978-7-5596-2469-7

Ⅰ . ①人… Ⅱ . ①英… ②陈… Ⅲ . ①幸福－青年读
物 Ⅳ . ① B84-49

中国版本图书馆 CIP 数据核字（2018）第 207939 号

北京市版权局著作权合同登记号 图字：01-2018-6424 号

选题策划	联合天际·综合产品工作室
责任编辑	张　萌
特约编辑	张　林
封面设计	@broussaille 私制
版式设计	汐　和
内文排版	冉冉设计工作室

出　　版	北京联合出版公司 北京市西城区德外大街 83 号楼 9 层　100088
发　　行	北京联合天畅文化传播有限公司
印　　刷	北京联兴盛业印刷股份有限公司
经　　销	新华书店
字　　数	75 千字
开　　本	787 毫米 × 1092 毫米　1/32　9 印张
版　　次	2018 年 11 月第 1 版　2022 年 3 月第 3 次印刷
I S B N	978-7-5596-2469-7
定　　价	68.00 元

关注未读好书

未读 CLUB
会员服务平台